北京自然科学基金资助（9154025）

"互联网＋"案例

施慧洪　编著

中国金融出版社

责任编辑：王效端　方　晓
责任校对：张志文
责任印制：丁淮宾

图书在版编目（CIP）数据

　　"互联网+"案例（"Hulianwang+"Anli）/施慧洪编著．—北京：中国金融出版社，2017.3

　　ISBN 978-7-5049-8899-7

　　Ⅰ．①互…　Ⅱ．①施…　Ⅲ．互联网络—应用—案例—高等学校—教学参考资料
　　Ⅳ．①TP393.4

　　中国版本图书馆 CIP 数据核字（2017）第 031246 号

出版
发行　中国金融出版社

社址　北京市丰台区益泽路 2 号
市场开发部　（010）63266347，63805472，63439533（传真）
网 上 书 店　http://www.chinafph.com
　　　　　　　（010）63286832，63365686（传真）
读者服务部　（010）66070833，62568380
邮编　100071
经销　新华书店
印刷　北京市松源印刷有限公司
尺寸　185 毫米×260 毫米
印张　13
字数　288 千
版次　2017 年 2 月第 1 版
印次　2017 年 2 月第 1 次印刷
定价　36.00 元
ISBN 978-7-5049-8899-7
如出现印装错误本社负责调换　联系电话（010）63263947
编辑部邮箱：jiaocaiyibu@126.com

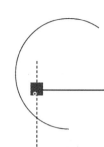

前　言

广义来说，三百六十行，行行都可以通过互联网＋来武装自己。限于篇幅，本书只介绍了教育、销售、餐饮、娱乐、旅游、金融等行业，对工业介绍得更少，主要是特斯拉、通用电气、海尔、华为、VR，其实还有钢铁、机械、化工、冶炼等广泛的子行业没有涉及。另外，每一个行业的商业模式也是多种多样的，例如餐饮业的点评模式、社交模式、外卖模式等，业态丰富。

通过这些案例，反而提示了互联网＋医疗，互联网＋政府，互联网＋农业，互联网＋体育等方面的不足。目前的"互联网＋"主要是电子商务主导型，其布局与我国经济的现实需要，并不完全契合。其形成原因多种多样，政策应对也须多种多样。

为什么"互联网＋"会与实体经济有一定的冲突？我想从理论上回答一下。因为二者的商业模式、融资模式存在冲突。"互联网＋"曾经被称为虚拟经济、网络经济。烧钱模式是"互联网＋"的典型特点。大量的投入，残酷的竞争，网络效应，赢家通吃。譬如说传统银行在经营互联网＋银行模式时，就遇到烧钱文化与传统银行文化冲突的问题。互联网企业拿的风投的钱，风投需要选择好的创业者，所以，以人力资本为核心，建立在市场观念上的互联网＋思维，实在是与实体经济不同的。再举个例子，免费策略，甚至免费模式，在互联网创业中是常见的。但是，实体经济不能这么搞。互联网＋企业在股票市场上市后，造就一批亿万富翁，钱来得也相对容易。

正是实体经济与"互联网＋"在动作模式、资金来源、资金运作后果上存在巨大差异，从而使得二者在政策上难以兼容。可以说，"互联网＋"的兴盛，掠夺了实体经济的资源，使得实体经济更加艰难。

之所以在前言说这些宏观的话，是因为"互联网＋"本身绚丽多姿，容易让我们忽视它本身存在的问题。

"互联网＋"牵涉诸多行业，它的后续成功，离不开创业者对行业本质在互联网条件下的创造性的理解与把握。如果把互联网革命的全过程分成五个阶段的话，我们目前

处在从五分之一向五分之二过渡的阶段。

所以，在互联网取得巨大成就的同时，我们要深刻理解其副作用，以及付出的代价。只有这样，我们才能客观地把握真理，不至于得意忘形！也就是，成就不少，但问题也很多。需要我们深入研究与处理，一点也不能懈怠。

施慧洪
2017 年 1 月

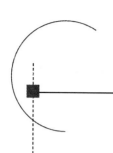

目 录

互联网＋工业篇

什么是工业互联网？工业互联网（Industrial Internet），是将人、数据和机器连接起来的、开放的、全球化的网络。工业互联网通过机器和ICT技术的融合，结合软件和大数据分析，重构全球工业模式，激发生产力，提高效率，降低成本，减少资源的使用。

　　大数据是工业互联网的命脉。工业互联网通过软件从原先不存在连接的地方——比如机器内部——提取和厘清数据，形成紧密结合的智能网络。这个网络使需求、原材料等关键信息实现安全的自动化传输，并对可能的生产故障、生产数量等进行预测，从而节省数量可观的资金和资源。

　　通用电气（GE）率先提出"工业4.0"概念；特斯拉是汽车产业新概念的代表；海尔和华为作为本土优秀的民族企业，其互联网创新概念在各自的行业内起到领头的作用；而虚拟现实（VR），不仅是近几年迅速火爆的产品，更是一种全新的概念，有可能引领我们走向超越计算机信息技术的新时代。

案例一：通用电气的"工业4.0"

一、什么是"工业4.0"

"工业1.0"是指将水和蒸汽作为动力来源的工业时代；"工业2.0"则是电力与分工合作的时代；"工业3.0"是电子工程和IT技术为王的时代；而"工业4.0"是以智能制造为主导的第四次工业革命。

"工业4.0"的基础是信息物理系统网络（CPS），它可以将资源（调配）、信息（数据）、物体（机器设备）以及人紧密联系在一起，从而继续创造物联网及相关服务，并将生产场合与流程转变为一个智能环境，包括智能工厂、智能生产、智能物流三大主题。

智能工厂可以整合客户和业务合作伙伴，同时也能够制造和组装定制产品，或者在生产系统和制造过程中形成高度智能或者网络化的分布。智能生产主要涉及整个企业的生产、物流管理、人机互动以及3D打印技术在工业生产过程中的应用，人起到规划、设计、控制、编程和维护制造工艺的核心作用。智能物流通过互联网和物联网整合物流资源，充分发挥现有物流资源供应商的效率并使需求方能快速获得服务匹配、得到物流支持。

通用电气（GE）的智能工厂与智能生产可以典型地说明"工业4.0"的设想与实施。2014年，GE在奥尔巴尼市新建一个先进的Durathon钠盐电池制造厂，新工厂安装了超过一万个传感器，用来测量温度、湿度、气压以及机床操作数据等。工人能通过pad遥控监测生产过程，通过手指的敲击来调整生产条件、预防故障。工厂的设计人员、生产工程师、供应商能通过"众包"平台进行协作，无须接触原材料及机器设备等，即可完成制造工艺的测试。当制造工艺测试完成后，工人可以将工艺程序下载到车间的智能机床上。一旦生产正式开始，生产工程师可以实时调整工艺过程。

二、GE提出的工业互联网设想

GE原本是复杂的金融与制造业的混合体，也是世界最大、最多元化的工业公司，其所涉足的工业领域早已不是传统意义上以销售硬件设备为主的企业，其利润的主要来源是服务，它按量付费的设备租用模式能产生真正的价值。在未来两年内，GE将剥离总价值为2000亿美元贷款租赁、房地产等业务，保留航空金融服务、能源金融服务和医疗设备服务等，力图转型为一家"更单纯"的工业企业。因为GE看到了互联网通过智能机器间的连接，结合软件和大数据分析，可以突破物理和材料化学的限制，改变企业运营方式，并且已经意识到"制造+服务"成为了一片蓝海，而要想能继续在这片蓝海里充当领军公司，重点就是要推广应用其开发出来的Predix系统。

三、GE开发的Predix操作系统与新产业模式

Predix操作系统也许将是工业界的iOS系统，它主要的特性在于可以将各种工业设备和供应商相互连接并接入云端，同时提供资产性能（数据分析）管理和运营优化（控制设备，提高效率）服务。在Predix系统上可以为工业生产提供包含原料管理、机器设备、生产制造、库存管理和客户应用在内的整个供应链的APP，以确保传感器、监控、现场设备之间开放、安全地通信，并可实现基于云的管理和服务，加强机器、系统、工业网络设备之间的互联。

比如，上海一家GE供应商使用Predix操作系统上的APP进行项目管理。每种产品都有自己唯一识别的二维码，员工对自己工序的材料、部件和产品的二维码进行扫描和追踪。从集团总裁到总经理，从项目经理到工程师都可以通过手中的APP实时了解到某个项目的进展程度。同时，工厂安装了连接计算机和手机的摄像头，当项目进展和产品进度有延误或者出现质量问题时，通过实时监控系统可以迅速查到哪个工序出了问题。而且APP也可以开放客户端接口，客户在授权的范围内可以随时了解并追踪需要交付产品的状态。

GE认为要打造一个互联网公司必须重视以下三个方面：在人类世界重视人才培养，尤其是具有分析和挖掘数据能力的统计、数学、运营、开发的人才；在数字世界利用数据分析，尤其是基于软件系统上的数据分析；在机器世界连接智能机器，用网络传感器在收集机器运行数据的基础上对机器进行控制。

四、GE的"工业4.0"对中国企业制造升级和创新的启示

第一，我们可以像GE一样重视信息物理系统网络（CPS），开发网络传感器，建立智慧工厂，实现智能制造。

第二，利用软件系统收集到的大数据以及在销售、生产、供应方面提供的信息来调整决策方向，即用销售数据来发现制造中的核心竞争力产品，用生产数据来调整机器设备的运行参数，提高生产效率，用供应数据来调整仓储费用与运输成本。

第三，用APP来提高客户参与，用"制造+服务+智能"的三体合一来实现厂家与客户的共赢。

【思考研究题】

1. 我国的"工业4.0"要达到什么水平？有哪些纲领性的文件？

2. "工业4.0"需要操作系统吗？

3. 我国有哪些企业在"工业4.0"领域取得了突破？

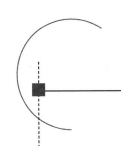

案例二：特斯拉

互联网的本质就是连接，特斯拉运用了互联网思维，消灭中间环节，极大地提高了每个个体的效率，促进了物的连接、人的连接，以及商业和人的连接。

一、汽车界的"苹果"

对汽车产业而言，"工业4.0"将带来很多趋势性变化。第一，汽车产品将向电动化、智能化、轻量化转变；第二，汽车的生产方式将向大规模定制化转型。也就是说，在大规模生产体系下，同时出现分散化的个性生产；第三，汽车产业的商业模式将基于大数据的网络平台，向车联网方向转型。

特斯拉汽车公司生产的几大车型包含 Tesla Roadster、Tesla Model S、双电机全轮驱动 Model S、Tesla Model X。以特斯拉 Model S 为例，该车型目前售价 73.57 万 ~ 104.85 万元人民币，充电时间为 630 分钟，续航里程为 480 ~ 557 公里。

特斯拉被誉为汽车界的"苹果"，因为它将互联网的思维引入汽车这个产业——无论是它的设计还是价格策略，还是售后等——它在用一种全新的想法做汽车，所以人们说它是对汽车行业的一个颠覆。

二、个性设计

表面上看 Tesla 就是"一块电池 + 四个轮子 + 一个电脑"，但体验过就知道 Tesla 实际上是以用户体验为中心，它所有的操控设计都尽可能符合人体自然生理特征，就像"苹果"一样将硬件和软件做到无缝对接。比如它的自动感应门把手和传统的车门把手不一样，特斯拉的门把手是嵌在里面的，当钥匙接近的时候就会自动从收起的状态打开。再比如车内的中控板，它用一块 17 英寸的电子屏幕取代了传统汽车的很多物理按键，而且通过一个 3G 卡就能实现互联网体验，还可以浏览网页。还有，特斯拉有一个 HOME LINK 功能，设置好之后，把车开到车库门口的时候，车库就能通过网络识别你的车，自动开门。

三、智能生产

和传统的汽车生产不同，特斯拉将虚拟和物理形态结合，使用了互联网、集成、轻

量化等诸多技术。

在特斯拉斥巨资建造的超级工厂里，自动化发挥到了极致，其中机器人是生产线的主要力量，几乎能完成特斯拉从原材料到成品的全部生产过程。这些机器人又分属不同制造环节，比如车身中心的多工机器人，它是目前最先进，使用频率最高的机器人，虽然只有一个机械臂，但能执行多种不同任务，而且灵活性很高。

在这种"智能工厂+智能生产"的模式下，汽车工厂使用网络化、分布式的生产设施，控制生产过程中不断出现的复杂情况；使用高度标准化、模块化的设备和系统，大大降低了生产成本；使用机器人，持续从事高强度的工作。

在生产方式上，特斯拉从封闭的大规模流水线向开放的规模化定制生产转变。客户不但可以选择汽车的颜色，还可以自定义车顶、天窗、内饰等。消费者只要将自己的产品需求输入制造系统，企业就会根据其需求，对产品做出及时的改进和调整。

四、网络体验

特斯拉取消传统的4S店，而去模仿"苹果"的体验店模式，这样，企业和用户之间的沟通就更加便捷、直接、低成本。同时，它也制作了自己的手机APP，人们可以在上面预约试驾。这样的好处在于，每个对特斯拉感兴趣的人不用亲自去体验店，在手机上就能感受和了解特斯拉汽车，而且大众可以随时随地分享到自己的社交网络，间接宣传了特斯拉。

【思考研究题】

1. 特斯拉有哪些技术突破？为什么说它是汽车界的"苹果"？
2. 特斯拉的智能工厂给我们什么启示？
3. 特斯拉的核心竞争力是什么？

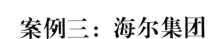

案例三：海尔集团

对海尔来说，家电行业的"工业4.0"，本质就是互联工厂。海尔把转型方向定义为"智慧家庭＋互联工厂"，对用户来讲就是智慧家庭，后端就是互联工厂。互联工厂的成熟稳定运转，也是海尔敢于发布"透明工厂"的底气所在，"透明工厂"是海尔巨人的自信，是中国制造2025的典范。

一、海尔集团的"互联网＋工业"转型之路

作为世界白电第一品牌，海尔自进入网络化战略阶段后，始终加速探索"工业4.0"新模式，推动企业从大规模生产向大规模定制的转型，集中表现为布局互联工厂。

所谓互联工厂，就是通过互联网将工厂与工厂内外的事物和服务连接起来，同时实现工厂与用户、工厂与企业、工厂与零售等各相关节点的无缝互联、互动，创造前所未有的价值并构建新的商业模式。

海尔从2012年开始探索建立互联工厂，海尔不断积累和沉淀，逐步实现了从工序的无人，到一个车间的无人，再到整个工厂的自动化。

海尔的互联工厂的本质就是要互联出用户的最佳体验，实现大规模定制。

在海尔看来，质量没有恒定的标准，它是由用户定义的，互联网时代的质量标准就是更好地保障用户的最佳使用体验。为了更好地创新用户体验，海尔提出了"将世界作为我们的研发部"的口号，即搭建一个开放的交互平台，让用户全流程参与设计、制造等各环节，构建一个闭合的互联网生态圈。

这种最佳体验体现在定制、互联、柔性、智能和可视上。定制，将用户碎片化需求整合，用户全流程参与设计和制造，用户由"消费者"变成"产销者"；互联，实现与用户的零距离，体现在三大互联：内外互联、虚实互联、信息互联；柔性，基于不同用户的定制需求，快速响应、快速交付；智能，基于用户使用习惯的大数据采集，建模、分析、决策；可视，全流程体验可视化，用户实时体验产品创造过程。

海尔如何顺利实现向互联工厂的转型，主要通过三个方面的创新：管理体系颠覆、业务模式转型、技术体系创新。

管理体系颠覆，主要是组织形态和组织机制的转型，组织结构由传统的"正三角"转变为"倒三角"，由领导指挥控制转化为员工直接面对用户，为用户创造价值。

业务模式转型，主要是围绕用户个性化的需求，可以进行模块定制、众创定制和专属定制等，从交互、交易到交付的全流程定制可视化，用户实时体验产品创造过程。

技术体系创新，主要是"模块化、自动化、数字化、智能化"的不断升级，而且都要围绕用户的需求来逐步实施。

管理体系、业务模式和技术体系的转型，最终目的是要建立互联工厂的"7＋1"生态系统。它不是简单的车间的制造，而是一个全流程体系的颠覆：构建七个全流程平台支撑用户全流程参与下的最佳体验；围绕"U＋智慧生活平台"提供产品全生命周期服务的最佳体验；形成开放的自创业、自组织、自驱动生态圈，共赢共享。

互联工厂的最大特点就是"前联用户，后联研发"，用户始终与生产流程连线。未来，互联工厂将以用户为中心实现全流程互联，快速满足用户的个性化定制体验，并围绕个性化定制的体验来推行智能制造的发展。而海尔也将以互联工厂作为重要路径，在颠覆现有家电行业的制造体系，实现引领的同时，大规模的提供定制化的解决方案，实现用户与企业零距离。

二、海尔的"互联网＋"概念

目前海尔已在四大产业建成"工业4.0"示范工厂。除了这些示范工厂，海尔还在全球的供应链体系复制，以实现用户能够在全球任何一个地方任何一个时间，通过他的移动终端随时可以定制他的产品，互联工厂可以随时感知随时满足他的需求。

海尔还搞"三无"透明工厂发布会，无发布会现场、无发布地点、无发布的新品或战略。但是，由于在所有互联工厂中安装了摄像头，全球消费者可以通过分布在每个互联工厂的摄像头，直接看到工厂的实时生产画面。与此同时，海尔在中国100个卖场实时播报互联工厂实时制造场景。后台数据显示：有近万人同时观看了海尔互联工厂的生产画面，在线上30分钟的时间里引发4万人高度关注，并且引发了讨论。发布会结束后，消费者还可以通过微信公众号"海尔生活家电"以及海尔官网上放置的视频链接，观看海尔互联工厂的实时画面并和海尔产生交互。

三、海尔互联工厂的特点

用户的参与感、产品的创新度、组织的并联化是海尔集团互联工厂的三大特点。用海尔人的话说，互联工厂不是一个工厂，不是一个制造车间，而是包括了市场、研发、采购、制造、物流、服务等全流程的互联企业。

用户通过网络下单或者定制提出要求之后，需求信息马上能够到工厂；工厂生成订单，准备设备，设备都是自动化的互联网设备，设备和设备之间可以相互协同；产品生成后，发送给用户。整个过程对用户完全透明，用户通过网络或者手机终端，随时可以查询订单状态。从订单接收、上线，甚至开始安装某一模块，到生产完毕、开始装车，货车到了哪条大路，哪个小区等等，全部能够查看。

四、互联工厂的意义

第一，以用户为中心的个性化生产，加上用户的参与，激活了整个海尔体系，调研、研发、生产、销售、服务，整个体系一盘棋，海尔不再是一个层层壁垒的正三角组织，而是一个对市场反应速度极快、极其敏感的体系。

第二，在互联工厂的模式之下，组织容易对市场形成共识，无论做产品还是做营销，还是做研发，都有了更强的市场意识，沟通起来更加容易。

第三，和用户的交互，高频次互动，实现了去中介化，企业和用户均得到实惠。

第四，用户有了很强的参与感，对产品认可度高，每个人都会成为海尔的推销员。

第五，时时听到市场的声音，保证了产品的升级和变革，使海尔的产品保持可持续创新性。

【思考研究题】

1. 什么是互联网工厂？
2. 海尔为什么要进行互联网 + 工业转型？实力何在？
3. 海尔在中央空调领域是否拥有核心竞争力？为什么？

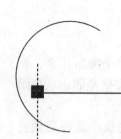

案例四：华为公司

一、概述

作为全球智能终端领导品牌，华为始终关注消费者体验，坚持精品战略。在2015年前三季度，华为智能手机出货量高达7560万台。其中，P8全球累计出货量接近400万部，Mate7在全球市场的累计出货量已经突破650万台，MateS在中国、英国、德国、法国、西班牙等全球48个国家和地区上市并热销。华为品牌在全球市场的认可度和影响力不断提升，2015年底发布的旗舰产品华为Mate8更是实现了技术领域的重大突破，为华为突破高端品牌市场奠定了坚实的基础。

随着未来智能终端形态将更智慧化、多样化，华为正围绕衣食住行，以消费者工作、娱乐、生活全场景的需求，构筑面向未来的能力。华为中高端旗舰手机在多个国家成功进入智能手机第一阵营，智能手表时尚跨界，车载、智能家居等各领域都以创新解决方案为手段，为消费者提供易用、极致的产品体验与服务。

二、"1+2+1"的解决方案

不管是美国提出的工业互联网，还是德国的"工业4.0"，以及中国的智能制造，华为都看到一个共性：一张万物互联的大网。只有这样一张面向工业互联网的网络，才能够搜集数据并进行深入分析，才能实现对机器、设备，甚至机器人的控制。

所谓"1+2+1"前一个"1"指的就是LiteOS操作系统，"2"指物联网关、LTE/5G两种网络接入方式，后一个"1"是指一个可对设备、数据和运营管理的平台。综合起来，就是致力于为企业提供一个多网络接入的平台，实现全程全网的互通，并结合各行各业的应用诉求对物联网进行新的创新和新的融合。

这个方案要做三件事：一是传感器的智能化，华为提供开发环境，和业界伙伴一起提供智能芯片，使所有终端能够智能化；二是把所有的终端连接起来，由华为提供无所不在的宽带连接，以便把数据安全地传送到一个平台，形成云端数据平台，让各行各业的合作伙伴能够充分挖掘、利用；三是让被连接起来的各种设备、设施、传感器得到高效的管理。

三、华为的 ICT 优势领域与 eLTE 创新

（一）华为的 ICT 优势领域

华为这几年的一个核心思想是从 CT 走向 IT，并最终实现 ICT 的无缝融合，从而可以为更广泛的客户，包括为传统的运营商以及企业目标用户提供全新的价值和服务。这种策略既延续了华为在 CT 领域的长期积累和领先技术又加入了 IT 的精髓，可以产生全新的服务价值。事实上，这就是最直接有效的" + 互联网"实践。

华为在电信运营商、企业、终端和云计算等领域构筑了端到端的解决方案优势，为运营商客户、企业客户和消费者提供有竞争力的 ICT 解决方案、产品和服务。

2015 年，在聚焦的公共安全、金融、交通、能源等行业取得快速增长，华为企业业务实现销售收入 276 亿元人民币，同比增长 43.8%。

（二）华为推出 eLTE

华为在 eLTE 领域的高速发展，是华为融合竞争力最直接的体现。据了解，华为自 2009 年开始了对专业集群的研究，在业界最先推出 LTE 终端芯片。

相比传统的窄带集群技术，华为推出的 eLTE 具有高速率、广覆盖、低时延、并发多、高稳定、快速移动等特性，尤其突破了语音的局限，以一张网络同时承载宽带专业集群、视频、数据等多种业务。

四、聚焦四大行业市场

华为当前聚焦车联网、制造、能源和智慧家庭四大领域，将最新的 ICT 技术与行业深度融合，实现行业创新。根据行业现状，这四个领域处于行业变革的最前沿，最有能力，最有驱动力，有望最早实现面向工业互联网的变革。

四大领域中，针对车联网，华为专注于自动驾驶和智能交通；在制造行业，华为助力生产系统和信息网络的结合，完成智能化生产，物流和预防性维护；在能源领域关注智能电网、智能抄表和 HSE 优化；在智慧家庭领域——

（一）可穿戴智能设备

穿戴式智能设备是目前产业投资和创新的焦点，它不仅佩戴美观，还可以搜集人体健康和数据。长期来看，可穿戴设备是智能手机的一种衍生。在 2015 年 3 月的世界移动通信大会上，华为推出了智能手表 Huawei Watch、第二代华为智能手环 TalkBand B2 以及智能音乐运动耳机 TalkBand N1 等三款可穿戴设备，不仅可以测量各种运动状态，而且可以监测数据。

（二）车联网

智能汽车移动互联网方兴未艾。对于华为来说，智能车机设备，车载平台，都是未来的发展方向。奔驰从 2015 年往后的所有新车里面都有华为的 4G 通信模块。未来全世界更多的车辆里面都有这种模块。华为的模块是提供一个通信的连接。真正的车载和服务有大量的增值空间。

（三）智能家居

目前，越来越多的传统家电行业研发智能家居产品，但有一个困难就是厂家推出各种智能家居，平台也会相对多起来，如果客户使用多个 APP 操作造成客户切换烦琐。华为就致力于解决这一问题，特别推出了 HiLink，HiLink 的推出有利于各家家居品牌平台的统一，提高客户使用体验。

五、总结

无论是产品还是战略方向，华为都已经向"互联网+"时代迈出极其坚实的一步，走在"互联网+"浪潮的尖端。未来，华为将携手中国移动共同探索"互联网+"下智能终端的新愿景，推动"互联网+"时代产业创新，实现合作共赢。

【思考研究题】

1. 比较分析华为与海尔的"工业 4.0"的区别与联系，并解释原因。
2. 比较华为与海尔的各自核心竞争力。
3. 比较分析华为的"1 + 2 + 1"与特斯拉的互联网 + 的区别与联系。

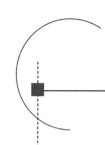

案例五：VR

一、VR 概念及应用价值

（一）VR、AR、MR 定义

VR，Vitual Reality，虚拟现实技术。VR 是仿真技术与计算机图形学技术、多媒体技术、传感技术、网络技术等多种技术的集合，是一门富有挑战性的交叉技术前沿学科和研究领域。虚拟现实技术（VR）主要包括模拟环境、感知、自然技能和传感设备等方面，包括实时三维计算机图形技术，广角（宽视野）立体显示技术，对观察者头、眼和手的跟踪技术，以及触觉/力觉反馈、立体声、网络传输、语音输入输出技术等。它利用计算设备模拟产生一个三维的虚拟世界，提供用户关于视觉、听觉等感官的模拟，有十足的沉浸感与临场感。典型的输出设备就是 Oculus Rift、HTC Vive 等。

AR，Augmented Reality，增强现实。两个典型的 AR 系统是车载系统和智能手机系统，被讨论最多的 AR 设备是 Google Glass。

MR，Mixed Reality，指的是将真实世界和虚拟世界混合在一起，产生新的可视化环境，环境中同时包含了物理实体与虚拟信息，并且必须是实时的。MR 的两大代表设备就是 Hololens 与 Magic Leap。

（二）VR 的应用领域

VR 的应用范围相当广泛，大到航天技术与军事模拟，小到模拟演示与教学等。而在互联网方面主要有四类运用方向：商业、教育、娱乐和虚拟社区。

1. 商业。对于网上电子商务，企业产品发布成虚拟三维的形式，加上互动操作，顾客通过对之进行观察和操作能够对产品有更加全面的认识了解，决定购买的几率必将大幅增加。

2. 教育。在表现一些空间立体化的知识，如原子、分子的结构、分子的结合过程、机械的运动时，使用具有交互功能的 3D 课件，学生可以在实际的动手操作中得到更深的体会。

3. 娱乐。娱乐站点可以在页面上建立三维虚拟主持这样的角色来吸引浏览者，游戏公司在网络环境中运行在线三维游戏。

4. 虚拟社区。为虚拟展厅、建筑房地产虚拟漫游展示，提供了解决方案。如果是建

立一个多用户而且可以互相传递信息的环境，也就形成了所谓的虚拟社区。

二、VR 眼镜与头盔

90 年代，虚拟技术的理论已经非常成熟，但对应的 VR 头盔依旧是概念性的产品。1991 年出现的一款名为"Virtuality 1000CS"的 VR 头盔，外形笨重、功能单一、价格昂贵。任天堂 1995 年推出 Virtual Boy 游戏主机，仓促推出市场使得硬件由头戴式变成了三脚架支撑，画面显示红色单一色彩。"Virtual Boy"仅仅在市场上生存了六个月就销声匿迹。

2012 年 Oculus Rift 通过国外知名众筹网站 KickStarter 募资到 160 万美元，后来被 Facebook 以 20 亿的天价收购。而当时 Unity 作为第一个支持 Oculus 眼镜的引擎，吸引了大批开发者投身 VR 项目的开发中。2014 年 Google 发布了 Google CardBoard，让消费者能以非常低廉的成本通过手机来体验 VR 世界，直接点燃了今日的"Mobile VR"超级大战。

目前市场上大概有三种类型的 VR 硬件设备：（1）基于 PC 的沉浸头戴式设备（HMD），这种设备的代表就是 Oculus Rift，其优点在于沉浸体验很好，但由于是有线设备，其有限的移动范围是个障碍，因此特别合适于双脚不需移动的应用。设备本身价格比较昂贵，适合展览或是商业活动展示。但是，这类活动体验的人数较多，如何保持设备的卫生将是个大问题。（2）Mobile VR，代表性的设备有 Google Cardboard 及 Gear VR 或是国内的暴风魔镜，虽然体验没有 PC 头戴设备好，但由于成本低廉，易于携带，开发应用的流程也是手游开发者所熟悉的。（3）整合 AR 技术，进入 CR（Cinematic Reality）新领域，谷歌所推出的 Google Glass，Microsoft Hololens，Magic Leap 等新形态眼镜。未来眼镜的轻量化，极强的电池续航力将是次世代 VR 设备的重点，但为了达到眼镜轻量化的效果，代价就是身上必须背着一个用来运算的硬件。

国外 Oculus Rift、索尼 PSVR、HTC Vive、三星 Gear VR 厮杀正酣，国内各大厂商在经历了资本初期的骚动和观望后，也开始对 VR 跃跃欲试。继三星、HTC、索尼之后，国产厂商也纷纷加入了 VR 战局，如华为、乐视、小米、阿里巴巴等等各大厂商相继宣布进军 VR 领域。目前市场上的 VR 产品，大部分为各种 VR 硬件设备，比如头盔、眼镜、手套等。与之相对应的，还有各种配套软件，比如 VR 版游戏、VR 版 APP 及 VR 影视作品。

根据暴风魔镜、国家广告研究院、知萌咨询机构联合发布的《中国 VR 用户行为研究报告》显示，中国 VR 的潜在用户规模已经达到 2.86 亿，而在 2015 年一年里接触过或体验过虚拟现实设备的 VR 浅度用户约为 1700 万人，购买过各种 VR 设备的用户约为 96 万人。

三、VR 发展中的障碍

一是缺乏统一的标准。虚拟现实技术目前仍处于初级阶段，虽然许多开发者对虚拟现实充满了热情，但是似乎大家都没有一个统一的标准。二是应用范围狭窄。Oculus

Rift 就为三星的 Gear VR 开发了两款应用，一款是专门用来欣赏电影，另外一款则是 360 度全方位的照片查看工具。Oculus VR 产品副总裁 Nate Mitchell 说。"这就像是现在的智能手机，虽然它用来听音乐并不是最好效果的那个，但是至少想听的时候随时都可以，这很方便。我尝试过用虚拟现实装置看电影，效果真的很棒。"

至于 VR 什么时候才能真正走进大众生活，也许还得再等上 5 至 10 年。根据德意志银行最新发布的一份 VR 报告显示，VR 的内容分发机制和智能手机类似，当前的 VR 就跟 2007 年的智能手机一样。在美国，智能手机用户突破 1 亿用了 4 至 5 年的时间，VR 的普及或许也要经历这条道路。

【思考研究题】

1. 分析 VR 的应用前景。
2. Oculus rift 为什么被 20 亿元的天价收购？收购者是谁？
3. 目前的 VR 投资是否有泡沫？

互联网＋电子商务篇

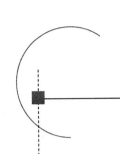

案例一：京东金融产品

一、京东金融简介

京东金融2013年10月独立运营，2015年已建立七大业务板块，分别是供应链金融、消费金融、众筹、财富管理、支付、保险、证券。

2016年1月16日下午，京东集团宣布旗下京东金融子集团已和红杉资本中国基金、嘉实投资和中国太平领投的投资人签署具有约束力的增资协议，融资66.5亿元人民币。交易后，京东金融估值为466.5亿元人民币。本次融资之后，京东集团仍将控制京东金融多数股权。

二、供应链金融

供应链金融是指以核心客户为依托，以真实贸易为前提，运用自偿性贸易融资的方式，通过应收账款质押、货权质押等手段封闭资金流或者控制物权，对供应链上下游企业提供的综合性金融产品和服务。

（一）动产融资

动产融资业务是指企业以自有或第三人合法拥有的动产或货权为抵/质押、或银行对企业动产或货权进行监管的授信业务。

近年来，由于大宗价格走低，传统金融机构沿用多年的仓单质押、互联互保等融资业务模式受到了前所未有的挑战，动产融资业务随即也经历了较长的阵痛期。但是，中小微企业仍有着真实的旺盛融资需求，在其约70%以上的资产都是存货等动产的现实情况下，京东利用数据和模型自动评估商品价值。风险管理上，京东动产融资与有"互联网+"特点的仓配企业结合，全程可追溯。面对业内常见的电商刷单问题，京东动产融资将自动配对检验销售数据和仓库数据，只有当两者数据统一，才被视为真实销售，从而有效规避信用风险和诈骗风险。京东动产融资的突出特点在于卖得快的货就少质押点，卖得少的货就多质押点，一旦质押品即将卖完，系统可以随时提示客户补货。质押商品的动态替换，释放高速流转的货物，满足企业正常经营需求。

（二）京保贝

京保贝运用的是京东自有资金，京东供应商可以凭借采购、销售等财务数据直接获得融资。供应商要获得一个融资的资质，需要先在京东至少要有一个月稳定的采购。京保贝会根据数据的情况，加上相应的采销人员的访谈，给供应商做出 A－E 五个级别的评级，从而获得相应的融资额度。在整个流程中，只有签订书面合同是在线下的，其他环节均在线上完成。

另外，融资的额度是动态调整的，系统会根据供应商在京东的采购情况、入库情况，自动进行计算。

京保贝放款的信用基础依据则是应收账款。因为京保贝拥有供应商大量的应收账款数据。京保贝通过占用供应商 A 的应付账款，来向供应商 B 放款，如此循环。

账期是京东盈利的秘密。2011 年，京东平均账期为 38 天。随着规模的增长，京东对供应商的话语权也增强，在一些品类，账期甚至达 120 天。举个例子，京东从宝洁进了 10 亿元的货，然后在 20 天将货卖出去，基本上消费者的钱当天（货到付款）或者第二天（信用卡刷卡）就能收上来。假设京东和宝洁商定的账期是 60 天，那么宝洁的 10 亿元货款有 40 天是趴在京东的账户上，京东可以将这些钱进行投资，获得收益。由于账期的存在，京东近 50% 的供应商，特别是中小规模供应商会在生产过程中存在一定的资金压力。这时，京东再为供应商提供金融服务。总之，利用京东在销售上的主导地位，一方面延长账期，增加资金沉淀的数量和时间，另一方面利用这段时间供应商缺乏资金的机会，为其提供各类贷款融资，赚取金融收益。

三、其他金融产品

（一）京东白条

京东白条是京东会员专属的先购物后付款会员特权。京东白条这个先购物后付款的免利息免手续费付款周期是一个月。也就是说，你在京东上买一个东西，可以在 30 天内付款。

京东白条 ABS（京东白条应收账款债权资产支持专项计划）是京东金融所发行的资本市场第一个基于互联网消费金融的 ABS 产品，首期融资总额为 8 亿元，分为优先 1 级（75%，AAA 评级）、优先 2 级（13% AA－评级）、次级（12%）资产支持证券。

2015 年 10 月 28 日上午正式登陆深交所挂牌交易。由华泰证券资产管理有限公司发行。在深交所挂牌进行公开交易的是优先 1 级 6 亿元和优先 2 级 1.04 亿元，次级 0.96 亿元则由京东自行认购。

2016 年 4 月 12 日报道，距第三期仅隔 2 个月，"京东金融—华泰资管【1】号京东白条应收账款债权资产支持专项计划"在 3 月底完成第四期募集，额度 15 亿元，管理人为华泰证券资产管理有限责任公司，优先级利率仅 3.8%，再创新低。

在更低的利率之外，此次最大的亮点是，京东金融拿到了"京东金融—华泰资管 1－5 号京东白条应收账款债权资产支持专项计划"的深交所无异议函，实现了京东白条 ABS 的重大创新突破：将过去的审批制改为备案制，而且实现一次备案多次发行。该专项计划规模总额为 100 亿元，在规模范围内可分为五期灵活发行，不需要每期再单独申请深交所无异议函，每期募集规模不高于 20 亿元。这意味着，京东白条 ABS 的发行将常态化、高效化，京东金融的流动性将进一步增强。

（二）京东众筹

京东希望能够通过众筹，给自己的销售平台带来一个根本性的变化，让消费者在产品的产生过程中发挥更大的作用，从而将自己的商业模式从单纯的 B2C 转换为 C2B2C。

数据显示，在京东产品众筹平台已诞生 30 个破千万的项目，近 400 个百万级项目，总筹资额超过 20 亿元，成为国内首个破 20 亿的平台。京东众筹能够持续打造像小牛电动车这样的爆款众筹项目，这跟整个京东众筹完善的生态体系是分不开的。小牛电动车作为大件货品，如果没有京东众筹为其对接优质的京东物流服务，筹后的用户收货体验将受到一定影响。实际上，京东众筹平台上的很多项目，都不只是为了筹资而去，更多的是看中了京东众创生态圈中的优质资源。

京东众筹在 2015 年就推出众创生态圈，2016 年推出"百十一"计划，未来将投资 100 家创业企业，扶持、打造 10 家市值达到 10 亿级人民币的创业企业，成就一家市值达到 100 亿人民币的创业企业。

对于众筹项目方来说，他们通过京东众筹的众创生态圈，不仅仅只是从平台当中获取流量入口支持，最为重要的是他们能够获取更多的京东资源、投资、服务对接、培训等四大体系的资源扶持。通过这些优势资源，不仅帮助他们获得产品问世的启动资金，打响品牌美誉与市场声量，更重要的是还能帮助他们实现新的融资。

在产品的创意阶段，京东就能通过借助平台上超过 1.69 亿核心活跃用户的消费数据，为创业企业提供京东用户的消费行为分析，从而帮助创业企业打造更适合消费者的产品，为他们制定更好的战略方向，加速其实现创业梦想。

四、京东金融发展战略选择

京东金融上线到现在已经两年，在这期间京东金融提出了三大战略布局。第一是"走出京东"。无论是旅游白条、校园白条、首付白条，都是基于京东商城之外的消费场景提供的服务，区别京东白条只专注京东商城里的消费金融。第二是"移动策略"。目前京东白条 60% 的交易是在移动端完成的。校园白条等一系列产品只在移动端推出，京东金融在产品形态和用户体验上完全向移动化倾斜。第三是"更多用户"。2014 年 2 月，京东白条刚上线，只向 50 万左右的用户开放，如今向数千万用户开放，同比来看，今年 6 月京东白条的用户是去年同期的 700%。

京东金融场景延伸至八大类，除了京东白条、校园白条、旅游白条、租房白条、首付白条等白条产品外，还扩展到农村金融、京东金采、京东钢镚。

相对于传统金融，京东金融的数据优势十分明显。从销售数据、物流数据，到京东体系外的数据，京东金融已经完成了十大体系信用模型，每一类模型控制整个业务里的不同风险环境，从审批到用户的欺诈识别、身份识别、关联交易、套现、账户被套、催收、客户的关系管理，都是京东金融利用京东生态、京东控制数据源的数据，自主开发的。

【思考研究题】

1. 京宝贝与京白条能够赢利吗？为什么？
2. 分析大数据在京东金融中的应用。
3. 京东金融的发展前景如何？

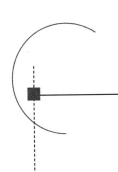

案例二：聚美优品

一、企业介绍

聚美优品（前团美网），是第一家也是中国最大的化妆品限时特卖商城。聚美优品由陈欧、戴雨森和刘辉创立于2010年3月，致力于创造简单、有趣、值得信赖的化妆品购物体验。

聚美优品首创"化妆品团购"模式：每天在网站推荐十几款热门化妆品，并以吸引人的折扣低价限量出售；率先推出"假一赔三""全程保障"，以及"拆封30天无条件退货"三大政策。

2011年聚美优品进行华丽转型，自建渠道、仓储和物流，自主销售化妆品，以团购形式来运营垂直类女性化妆品B2C。聚美优品本质上是一家垂直行业的B2C网站。

二、企业发展历程

2010.03：聚美优品前身团美网上线，成为中国第一家化妆品团购网站。

2010.04：聚美优品率先推出"三十天无条件退货、100%正品"的三大政策。

2014.05：聚美优品在纽交所正式挂牌上市，股票代码为"JMEI"。

2015.04：聚美优品推出了母婴频道，主推跨境母婴业务。

2016.02：聚美优品宣布收到每份ADS 7美元的私有化报价，私有化价格比最近10天均价高27%，买方财团包括陈欧、戴雨森、红杉资本，买方财团占投票权90%以上。

三、娱乐营销策略与垂直B2C经营模式

（一）娱乐营销策略

所谓娱乐营销，就是借助娱乐的元素或形式将产品与客户的情感建立联系，从而达到销售产品，建立忠诚客户的目的的营销方式。娱乐营销的本质是一种感性营销，感性营销不是从理性上去说服客户购买，而是通过感性共鸣从而引发客户购买行为。这种迂回策略更符合中国的文化，比较含蓄，不是那种赤裸裸的交易行为。在中国的市场营销，从来都是成功的软广告的效果更好，更有效。

聚美优品的娱乐营销方案主要运用了话题营销和明星代言两种方法。

1. 话题营销。在2013年聚美优品3周年店庆时，陈欧因其在微博发布的广告词的"聚美体"模式走红网络，许多网友纷纷效仿，无形中增加了广告效应。随后陈欧频频出现在热播求职节目《非你莫属》的BOSS团。

2. 明星代言。2010年，聚美优品CEO陈欧联合人气小天王韩庚推出聚美优品地铁广告，其新颖的"双代言"模式受到热烈追捧。

（二）垂直B2C经营模式

垂直B2C更像是在网上经营的专业店。

传统的化妆品电子商务网站，包括淘宝上很多的大卖家，在建站伊始就卖成千上万种商品，这让质量控制变得非常困难。聚美优品有着非常强的采购能力和供货渠道，每天只卖几十种产品，可以更好地保证货品质量，加上量大，很多时候都是直接和厂家和顶级代理打交道，自然在货源上会更有保障。

聚美优品限定化妆品这一商品种类本质是为了更专注地执行。实际中用户最多只能记住三家卖化妆品的B2C品牌，最终体验稍微好一点，就能让用户每天上午10点钟打开邮箱看一眼今天团购什么商品。长期下来，形成固定生活习惯和心理预期的B2C品牌，将成为用户最经常购买的一家。

四、SWOT分析

（一）优势（Strength）

1. 雄厚的资金作为支撑。聚美优品前身是团美网，是第一家也是中国最大的化妆品限时特卖商城。聚美优品拥有超过3000平方米现代化库房、1800平方米的办公室和专业客服中心。百万元打造的物流配送系统。

2. 强大的投资团队：徐小平、吴炯，险峰华兴天使基金、红杉资本等都为聚美优品进行了风险投资。

3. 运营管理。保证消费者的利益，承诺"100%正品"和售后服务30天拆封无条件退货。在聚美优品购买的所有商品均已由中华财险质量承保。若消费者对商品质量有任何疑义（请在收货当天后90天内提出），可拨打聚美优品客服热线。

4. 渠道来源。聚美优品正品可信赖的形象同时得到了广大消费者和国际顶级化妆品厂商的高度认同，国际一线品牌如法国兰蔻也选择和聚美优品进行官方合作，共同开展团购活动。

（二）劣势（Weakness）

1. 发展中期被爆售假丑闻，导致消费者信任度下降。

2. 消费者群体单一，网络营销模式单一。聚美优品一直是以女性化妆品为主，极少数的男性化妆品。大量投入网络病毒式营销，轻视其他网络营销。

3. 广告投入太多。以砸广告促增长，在高速成长之余后遗症也正在急剧放大，最直接的体现就是价格优势的缺失。

4. 并未把化妆品做成专而精。

（三）机会（Opportunity）

1. 团队趋于成熟稳定。

2. 我国是全球第三大化妆品消费市场。由于各种政策和税收对化妆品不利的影响，国内专柜定价过高，消费者会更青睐于质量有保障的化妆品网购网站。

3. 获得新东方创始人徐小平、阿里巴巴天使投资人吴炯、险峰华兴天使基金等国内知名天使投资人，以及国际最大风险投资基金红杉资本的数千万美金的高额投资。

（四）威胁（Weakness）

1. 团购门槛低，竞争对手过多，化妆品网购面临的诚信问题和售后问题都相当严重，影响了消费者对整个行业的信任度。

2. 部分团购网站或购物平台早已抢占市场，例如草莓网、乐蜂网等。人们养成的固定消费习惯很难一下子改变。

3. 淘宝、百度渐渐切入团购大潮，竞争更加激烈。

五、聚美优品的私有化与国内上市

（一）聚美优品的私有化

聚美优品在美国上市，27.25 美元开盘，上市首日最高股价曾达到 28.28 美元。上市不足两年间，最高股价曾突破 39 美元。但在 2015 年，聚美优品股价持续走低，长期徘徊在 10～12 美元区间，12 月底，聚美优品出现暴跌，从 10 美元迅速跌至 5 美元附近。尽管 7 美元/ADS 的价格较聚美优品过去 10 个交易日的平均收盘价高出 26.6%，但据统计，聚美优品自 2014 年 5 月 16 日在美股市场上市以来的 571 个交易日内，仅仅有 22 个交易日股价是低于管理层的 7 美元/ADS 私有化要约价。一般公司私有化回购的价格都是前 60 个交易日的平均值再溢价 15%～30%，而在聚美优品管理层提出私有化要约 60 个交易日前，收盘的均价是 7.85 美元/ADS，收购价还不及平均价。

2012 年 2 月 21 日，阿里巴巴集团提出以每股 13.5 港元的价格回购上市公司约 26% 的股份，私有化价格与其 IPO 发行价持平，而在当时价格持平已受到不少质疑；2015 年 6 月 17 日，奇虎 360 宣布公司董事会收到私有化要约，每股 ADS 报价 77 美元，较其发行价溢价 431%。

（二）聚美优品国内上市

中概股纷纷宣布私有化并计划回归 A 股市场，主要原因在于互联网企业在国内股市高估值与海外资本市场低估值的鲜明对比。一边是国外的过低估值，一边是国内大门敞开，分析人士猜测，聚美优品借机回归 A 股或许会成为陈欧的选择。

不过，中概股顺利回归 A 股并非易事，这些企业首先要在美国退市实现私有化，法律程序上需要一定时间，而估值也是一个重要的问题。此外，由于私有化和拆除 VIE 结构的运作流程复杂，其中存在诸多不确定性因素和风险。无论聚美是否回归 A 股市场，低迷的财报数据和企业的下滑态势依然是其不得不面对的问题。在天猫、京东稳坐电商头两把交椅，唯品会等同质化对手后来居上的格局中，即便退出美股，聚美优品的前路也难言一片坦途。

此外，萦绕在其身上的售假问题也未得到根本性解决，而这次低价退市又引发了聚美优品新一轮的信任危机，如何让国内消费者、投资者为其买单也将成为聚美优品面临

的当务之急。

【思考研究题】

1. 聚美优品的创业历程给我们什么启示？
2. 如何评价聚美优品的国外退市与国内上市？为什么？
3. 分析聚美优品的营销模式。

案例三：亚马逊

一、公司概述

亚马逊公司（Amazon，简称亚马逊；NASDAQ：AMZN），是美国最大的一家网络电子商务公司，位于华盛顿州的西雅图。亚马逊成立于1995年，一开始只经营网络的书籍销售业务，现在则扩及范围相当广的其他产品，已成为全球商品品种最多的网上零售商和全球第二大互联网公司。亚马逊及其销售商为客户提供数百万种图书、影视音乐、游戏、电子产品和电脑、家居园艺用品、玩具、婴幼儿用品、食品、服饰、鞋类和珠宝、健康和个人护理用品、体育及户外用品、汽车及工业产品等。

亚马逊公司是在1995年7月16日由杰夫·贝佐斯（Jeff Bezos）成立的。该公司原于1994年在华盛顿州登记，1996年时改到德拉瓦州登记，并在1997年5月15日股票上市。1999年贝佐斯因经营策略得法，成为了时代杂志的年度人物。

2012年9月6日，亚马逊在发布会上发布了新款Kindle Fire平板电脑，以及带屏幕背光功能的Kindle Paperwhite电子阅读器。

2013年3月18日，亚马逊已经制作了一系列大预算的电视剧集，这些剧集仅可通过互联网观看，原因是这家公司正在与Netflix展开"战争"，竞相利用人们在智能手机、平板电脑和互联网电视上观看电视节目的兴趣，以扩大自身在流媒体播放服务这一领域中的占有率。

由于亚马逊提供的亚马逊云服务在2013年的出色表现，著名IT开发杂志SD Times将其评选为2013 SD Times 100，位于"API、库和框架"分类排名的第二名，"云方面"分类排名第一名，"极大影响力"分类排名第一名。

2014年5月5日，推特与亚马逊联手，开放用户从旗下微网志服务的推文直接购物，以增加电子商务的方式保持会员黏着度。

2014年8月13日，亚马逊推出了自己的信用卡刷卡器Amazon Local Register，进一步向线下市场扩张。

2015年1月20日，亚马逊旗下电影工作室将要开始拍电影。这些电影将首先在电影院上映，然后才在亚马逊Prime视频流服务上看到。

2015年3月6日下午，亚马逊中国（amazon.cn）宣布开始在天猫试运营"amazon

官方旗舰店",计划于 2015 年 4 月正式上线。该旗舰店首期将主推备受消费者欢迎的亚马逊中国极具特色的"进口直采"商品,包括鞋靴、食品、酒水、厨具、玩具等多种品类。

二、定位转变

(一)"地球上最大的书店"(1994 年至 1997 年)

1994 年夏天,从金融服务公司 D. E. Shaw 辞职出来的贝佐斯决定创立一家网上书店,贝佐斯认为书籍是最常见的商品,标准化程度高,而且美国书籍市场规模大,十分适合创业。经过大约一年的准备,亚马逊网站于 1995 年 7 月正式上线。为了和线下图书巨头 Barnes&Noble、Borders 竞争,贝佐斯把亚马逊定位成"地球上最大的书店"。为实现此目标,亚马逊采取了大规模扩张策略,以巨额亏损换取营业规模。经过快跑,亚马逊从网站上线到公司上市仅用了不到两年时间里,在图书网络零售上建立了巨大优势。此后亚马逊和 Barnes&Noble 经过几次交锋,亚马逊最终完全确立了自己是最大书店的地位。

(二)"最大的综合网络零售商"(1997 年至 2001 年)

贝佐斯认为和实体店相比,网络零售很重要的一个优势在于能给消费者提供更为丰富的商品选择,因此扩充网站品类,打造综合电商以形成规模效益成为了亚马逊的战略考虑。1997 年 5 月亚马逊上市,尚未完全在图书网络零售市场中树立绝对优势地位的亚马逊就开始布局商品品类扩张。经过前期的供应和市场宣传,1998 年 6 月亚马逊的音乐商店正式上线。仅一个季度亚马逊音乐商店的销售额就已经超过了 CDnow,成为最大的网上音乐产品零售商。此后,亚马逊通过品类扩张和国际扩张,到 2000 年的时候亚马逊的宣传口号已经改为"最大的网络零售商"。

(三)"最以客户为中心的企业"(2001 年至今)

2001 年开始,除了宣传自己是最大的网络零售商外,亚马逊同时把"最以客户为中心的公司"确立为努力的目标。此后,打造以客户为中心的服务型企业成为了亚马逊的发展方向。为此,亚马逊从 2001 年开始大规模推广第三方开放平台(marketplace),2002 年推出网络服务(AWS),2005 年推出 Prime 服务,2007 年开始向第三方卖家提供外包物流服务 Fulfillment by Amazon(FBA),2010 年推出 KDP 的前身自助数字出版平台 Digital Text Platform(DTP)。亚马逊逐步推出这些服务,使其超越网络零售商的范畴,成为了一家综合服务提供商。

三、行业"五力"分析

(一)潜在竞争者进入的能力。电子商务行业供应链的建立和数据库的维护都需要很强的信息技术做支撑,行业门槛较高,所以威胁低。

(二)替代品的替代能力。一般电子商务的替代品是传统实体销售行业和 C2C 网络零售行,实体市场给人购物的乐趣和逛街的乐趣。亚马逊努力增强用户体验,用增进互动的方法,给不同的消费者不同的体验,如"我的亚马逊"。

（三）供应商的讨价还价能力。消费者对商品的质量和售后服务较高，使得亚马逊对货源质量也有很高的要求。卓越亚马逊可以购进韩国日本等其他国家的服装、电子产品，苹果等世界知名公司选择卓越亚马逊为指定的网上零售商，说明供应商对亚马逊的议价能力不会太大。

（四）购买者的讨价还价能力。随着电子商务的发展，消费者可供选择的购物方式和购物网站增多，电子商务市场的价格战才那么激烈。

（五）行业内竞争者现在的竞争能力。Amazon.com 的竞争对手众多，沃尔玛电子商城、淘宝、当当、天猫、还有 barnesandnoble.com（一个完善的综合性购物服务性网站，以图书为主），同业竞争激烈。

四、内部环境分析

（一）内部优势

1. 先入者优势，良好的品牌形象和美誉度，成为大部分人网购的首选（无形资源）。

2. 理解和重视计算机技术及信息管理系统对在线零售的重要性，计算机专业出身的 CEO，带领公司一直致力于计算机技术的研发和管理系统的创新（无形资源、组织资源）。

3. 在竞争相对较小的时期渡过电商烧钱的阶段，适时的 IPO 让公司有充裕的资金支持后续的高速发展（财务资源）。

4. 通过各种途径保证大部分商品的相对低价格（组织资源）。

5. 自建物流系统，保证商品到达顾客手中的速度和质量（组织资源）。

6. 品种齐全，网购者可以一站式购物，节省购物者的时间和精力（实物资源）。

7. 与不同门户网站保持良好的合作关系而非竞争关系，人们可以高频率地看到公司的宣传及网址入口，增加点击率（组织资源）。

8. 良好的顾客管理系统，提高顾客忠诚度，保持顾客对企业的关注度（组织资源）。

9. 方便快捷、设计简洁的购物界面，良好的网络安全和稳定性，让人们购物更加快捷方便、安全（无形资源）。

（二）内部劣势

1. 基础设施和信息管理系统的不断完善需要大量资金投入，增加运营成本（财务资源）。

2. 单一电商形式，没有实体店。排斥了非网民购物者，特别是发展中国家的广大农村消费者（无形资源）。

3. 移动设备例如手机、平板等快速发展，亚马逊目前未开发专门面对移动设备的购物界面（组织资源）。

4. 任何的经营波动，都会被无限放大，增加经营压力（财务资源）。

5. 全系列产品模式，需要财务、人力、市场、运营成本的增加来匹配，而部分产品的销售情况并不理想，部分系列产品处于亏损状态（财务资源）。

6. 相对于自建电商的大部分品牌，平台电商在产品的价格和质量保证方面并无优势

（财务资源）。

五、企业能力

1. 研发能力。云计算前景无限广阔。亚马逊早已看到这点，率先开拓云计算领域。这是亚马逊可以随意驰骋的海洋。推出亚马逊网络综合服务，AmazonWebServices 简称AWS。这是亚马逊最关键的战略举措。亚马逊在研发投入上不遗余力，而且敢于冒险。它给硬件研发部提供无上限的资金支持，而研发上的巨大投入往往影响它的当期业绩。尤其是在总体利润较低时，亚马逊也敢于漠视指责继续进行大投入，这种胆识相当少见。

2. 生产管理能力。亚马逊致力于提升供应链效率，在由 IT 构建的透明供应链里，亚马逊能看到所配送的货物出于物流公司的哪一个环节。亚马逊通过与供应商建立良好的合作关系，实现了对库存的有效控制。亚马逊公司的库存图书很少，维持库存的只有200 种最受欢迎的畅销书。高质量的售后服务能够为网站带来良好的效益，亚马逊不仅重视货物的质量，还重视售后服务的质量。

3. 营销能力。

低价营销，把真正的实惠给用户，鼓励他们网上消费。

营销重点是，用户体验和服务方面。亚马逊不同读者登录后的界面是不一样的，它会根据读者的浏览情况推荐商品。

亚马逊在不断探索跟网络特点相关的营销模式，如精准营销、个性化营销。

4. 财务能力。

筹资能力，亚马逊财务风险低，筹资能力强。

使用和管理筹集资金的能力，例如亚马逊 2012 年投资回报率为 4.5% 至 6%。

5. 组织管理能力

支付管理，为了解决支付问题，卓越亚马逊提供了相当丰富的支付方式。

物流配送管理，亚马逊自建物流。

客户关系管理，为了方便用户在亚马逊网站上购物，即使是初次购物也有美好的购物体验，卓越亚马逊设置了帮助中心。亚马逊公司十分重视客户的用户体验，使购物过程高效便捷更加符合现代人群的消费习惯。

六、亚马逊在中国的成功经验

1. 亚马逊利用与美国完全相同的亚马逊平台，将前台和后台的技术展现给消费者，给消费者最好的体验。比如，利用 web2.0 技术，为消费者推荐相关的产品是亚马逊在互联网里首创的。电子商务的竞争越来越多地体现在商务管理中，卓越亚马逊利用亚马逊先进的仓库物流管理技术和理念，提升供应链效率，服务于终端消费者。亚马逊十分重视客户体验，始终坚持"真品、低价、便捷"的服务理念，赢得消费者的高满意度。

2. 完善的物流配送系统。以中国亚马逊为例，11 个亚马逊运营中心。分别位于北京（2 个）、上海（2 个）、天津、广州、成都、武汉、沈阳、厦门和西安，总面积已达近50万平方米，而这一数字还在继续增长中。亚马逊物流会基于商品的销售情况，优化商品在全国各个运营中心的库存分配，将商品放在靠近顾客的运营中心，以确保商品快速送达。结合全国范围的快速配送，亚马逊物流能帮助卖家将销售范围真正拓展至更多的地域，实现在全国范围内的规模化增长。按照消费者各种要求提供不同的物流服务，甚至预约送货上门。

3. 满足客户需要的核心价值观，以客户为中心。客户体验无疑是最为关键的一个环节，在这个环节可以直接与消费者见面。除了产品，让消费者感受到服务的周到也是必需的，亚马逊在物流服务、退换货服务以及支付服务等方面都做得比较到位。亚马逊的互动体验策略的突出特点是借助于计算机技术的领先优势，与用户进行多层次的互动与沟通。

【思考研究题】

1. 亚马逊的云服务包括哪些内容？
2. 云服务对亚马逊的股价有什么影响？
3. 比较分析亚马逊与当当网。
4. 亚马逊在中国为什么能够站住脚？

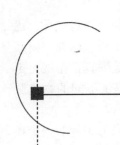

案例四：日本乐天

一、乐天的金融业务

日本排名第一的电商——乐天，是做电子商务起家，在本土获得了巨大成功的互联网集团。乐天财报中将其业务划分为互联网服务、互联网金融及其他三大部分。乐天互联网服务的核心是在线零售平台"乐天市场"，其次是乐天旅行，还有门户网站 Infos-eek、电子书 Kobo、网上书店乐天图书、面向个人的乐天拍卖等。

乐天互联网金融服务涉及银行、信用卡、证券、保险、电子货币等众多领域。

其他类服务包括通信、棒球队等。

二、通过预付卡和信用卡打通线上线下消费

乐天以在线购物平台"乐天市场"起家，经历 16 年发展，目前除经营电子商务类网站之外，还拓展了电子货币、信用卡、银行、保险、证券、通信、旅行、调查研究、门户等业务领域。乐天每一块业务都使用统一的 ID，并且共用底层的数据库。通过购物或使用乐天其他服务获得的"乐天超级积分"，可以在各业务中共通使用，积分在各种业务间流转形成良性循环。另外，乐天凭借对会员数据的分析，整合集团各种业务，使得各业务相互促进。

会员可以在"乐天市场"上购物，购物时可以使用乐天发行的借记卡、信用卡、预付卡进行支付。乐天信用卡和乐天电子货币 Edy（相当于国内的预付卡）不仅可以在线上消费，也可以在线下实体店铺使用，而线下消费获得的积分又能在线上使用，打通了网络和现实世界的通道。在乐天，会员的多种需求可以通过一个账号和密码来实现。

当商家和消费者缺少资金时还可以从乐天银行获取个人贷款。消费者在乐天市场的消费记录可以成为发行信用卡的授信依据。乐天给会员发送促销短信时，可以通过自己的通信公司，自营通信业务可以降低与会员沟通的成本。会员可以把自己在乐天银行里面的钱用于保险、证券投资等获得更大的收益。门户网站等媒体是乐天的宣传阵地，可以为其培养潜在顾客。

三、"乐天超级 DB" 数据库架构

乐天将其积累的大量的有关会员属性、商品信息、购入历史、购入金额、购买频次等数据进行整合，建立了一个庞大的数据库——"乐天超级 DB"。这不仅可以存储数据，还会将数据按照会员的人口属性、地理信息、行为、心理属性等进行分析之后返回"乐天超级 DB"，也就是说让生产数据和分析数据可以共存，然后数据库将分析出来的数据提供给乐天各种服务的 APP。

四、"乐天超级 DB" 促进了乐天日常的经营管理

（一）用户分群，助力精细化运营

乐天以前做 EDM（电子邮件营销）时，会给所有会员发送相同的邮件，而现在会把会员分群，对不同的族群发送不同的邮件，或者针对不同的族群提供不同的商品显示顺序，变换不同的广告主题等。通过反复实验逐渐提升了分群的精度，实现精细化运营。

（二）流失预警和挽回

比如向过去几个月预约过高尔夫，而最近没有预约过的会员推送高尔夫活动等信息，效果显著。

（三）CRM（客户关系管理）

根据会员的信息自动生成邮件发送列表，降低人工手动提取数据成本。比如，系统自动向过生日的会员发送邮件，向第一次购买的会员发送邮件，向积分即将过期的会员发送邮件等各种机制。

（四）交叉销售

使用了乐天一种服务的消费者，还可能使用哪些其他服务？乐天通过对会员数据的分析，找出相关内容进行推荐，取得了良好效果。目前使用乐天两种以上服务的会员比例已经超过五成。

五、乐天特色的商业生态系统

乐天的服务虽然多达 40 余种，但各个服务并不是孤岛，而是通过打通信息流、资金流、数据流，在集团内部形成了良性循环，成为一个具有乐天特色的商业生态系统。

刚刚在美国上市的阿里巴巴有很多需要向发展趋于成熟的乐天学习的地方。阿里巴巴打造"阿里小微金融服务集团"，在战略和业务上与乐天有着众多的相似之处，企业未来的发展应该结合中国国情，形成自身的竞争力。

【思考研究题】

1. 比较日本乐天与中国阿里。
2. 乐天是如何拓展自己的业务线的？

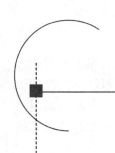

案例五：Apple Pay

一、基本概念

（一）Apple Pay 的概念

Apple Pay，是苹果公司在 2014 苹果秋季新品发布会上发布的一种基于 NFC 的手机支付功能，于 2014 年 10 月 20 日在美国正式上线。北京时间 2014 年 9 月 10 日凌晨，在苹果发布会上，苹果 CEO 库克表示，调查数据显示，每天有高达几亿笔的信用卡转账，但信用卡支付过程非常烦琐，基于 NFC 的 Apple Pay 只需在终端读取器上轻轻一"靠"，整个支付过程十分简单。Apple Pay 所有存储的支付信息都是经过加密的。

（二）NFC 技术

该技术由非接触式射频识别（RFID）演变而来，在 2003 年由飞利浦半导体（现恩智浦半导体公司）、诺基亚和索尼共同研制开发，其基础是 RFID 及互连技术。

在全球范围内，NFC 在美国和欧洲最早进入商用阶段。2010 年谷歌就把 NFC 协议加入了 Android 中。谷歌曾期望借助谷歌钱包推广 NFC 支付，但最后效果不理想。支持终端过少，以及谷歌业务广泛导致支持者过少，成为阻碍其发展的重要因素。后期，谷歌曾转向实体卡。在美国手机支付人群中，有 37% 的消费者曾使用 NFC 进行支付。但目前最流行的移动支付方式仍然是二维码扫描。

二、Apple Pay 商业推广

（一）国内正式上线

2014 年 10 月 20 日，苹果公司的"苹果支付（Apple Pay）"服务正式在美国上线。使用者需要先将设备的操作系统升级到最新的 iOS8 版本。支持该功能的手机只有 iPhone 6 和 iPhone6 Plus。2015 年 7 月 Apple Pay 登陆英国。2015 年 11 月在澳大利亚和加拿大推出。2016 年 2 月 18 日凌晨 5：00，Apple Pay 业务在中国上线。Apple Pay 在中国支持中国工商银行、中国农业银行、中国建设银行、中国银行、中国交通银行、邮政储蓄银行、招商银行、兴业银行、中信银行、民生银行、平安银行、光大银行、华夏银行、浦发银行、广发银行、北京银行、宁波银行、上海银行和广州银行的 19 家银行发行的借记卡和信用卡。将他们与 Apple Pay 关联，就能使用新的支付服务。中国成为了全球第五个、亚洲第一个上线该服务的国家。

支付的额度。以工行为例，Apple Pay 中的支付卡有效期为五年，不收取年费和挂失手续费。客户申请的 Apple Pay 支付卡与绑定的已有信用卡使用统一账户，共享账户信用额度。Apple Pay 支付卡单笔支付限额为 2 万元人民币，日累计支付限额为 5 万元人民币。客户可通过工行营业网点、电子银行等渠道申请调整卡片信用额度。如果客户调整实体卡信用额度，Apple Pay 支付卡不同步调整。

Apple Pay 在支付时要求笔笔输密，密码与实体卡密码相同，且不能单独修改。如果实体卡密码有调整，Apple Pay 的密码也要同步更新。相对于银联支付，银联 IC 芯片信用卡"免密免签"，在境外也免输密码，也可自己设定签名模式，不用密码。

（二）Apple Pay

Apple Pay 与美国银行等 6 家银行合作，覆盖了约 80% 的美国信用卡用户。其合作伙伴还包括麦当劳、Subway、星巴克、迪士尼宠物店 Petco、梅西百货、丝芙兰化妆品专柜等。

苹果使更多的用户摆脱自己的实体信用卡。随着苹果及银联的相继加入与持续发力，阻碍 NFC 移动支付的困难有望实现重大突破，NFC 移动支付行业有望迎来爆发式增长。

三、Apple Pay 对金融业的影响

（一）Apple Pay 获得收入的潜力不菲

在美国市场每笔 Apple Pay 的信用卡交易中，苹果提成 0.15%，每笔借记卡交易，苹果提成 0.5%。在智能手机市场竞争日趋白热化的当下，苹果也同样面临着 iPhone 销量停止增长的困境，通过 Apple Pay 来锁定长期用户就显得更为重要。

中国由发改委统一管理刷卡交易手续费，市场支付需要遵循《银行卡收单管理办法》的规范，其 Apple Pay 所产生的费率与刷卡收单是一致的。苹果所收取的交易处理费用均由银联和银行分配。

（二）银行业选择了与 Apple Pay 合作

在过去，Square 和 GoogleWallet 之所以未能获得其所预期的大面积成功，根本原因在于用户使用银行所提供的支付手段已经足够方便，可以说"如无必要，勿增实体"。这些银行和信用卡发卡机构本身也在推广自己的移动支付标准，和自己的系统连接更紧密，将成为它们的独家优势。但这种"各自为政"其实也并不利于移动支付的推广与普及，与其如此，还不如一起先将"蛋糕"做大，利用 Apple Pay 的通道掌握更多交易数据，然后利用数据挖掘提供其他增值服务。另一方面，银行也可以利用 iPhone6 以及 AppleWatch 的 NFC 和 TouchID 技术等进行便捷、安全的身份认证研究，提升网点、网上银行、手机银行等客户体验。

（三）对我国第三方支付的影响

微信支付、支付宝支付等移动支付场景带有鲜明的"中国特色"。这些支付工具，线上具备多种完善功能，线下大举补贴商家，苹果想加入无疑会面临更为激烈的竞争

处境。

与支付宝、微信支付不同的是 Apple Pay 的原理是将银行卡信息转化成一个字符串（Token）存在手机中，当需要支付时，用户将手机靠近商户端 POS。这意味着平台对商家的设备有较高的要求。

四、Apple Pay 的挑战

Apple Pay 是 NFC 的支付方式，需要拥有 NFC 接收功能的 POS 机，这就需要推动银联对现有的 POS 进行改造，但需要一定的时间。相关数据显示，全国目前 NFC 手机终端整体占比只有 25%，银联在全国 1000 多万台 POS 终端中，"闪付"终端仅有 300 万台。

Apple Pay 将用户交易数据加密后传给银行，让银行卡直接与商家的支付系统对接，省去了一个中间环节（第三方支付），同时减少了泄密的风险。第三方支付若不能在其中提供其他附加价值，不排除在中国市场地位风雨飘摇的巨大风险。

用户支付习惯的改变是 Apple Pay 所面临的挑战。接受 Apple Pay 的商户数量有限也是制约 Apple Pay 广泛应用的障碍之一。调查报告显示，消费者对于 Apple Pay 的认知度很高，但使用率并不高。在所有 iPhone 用户中，73% 的人称他们听说过 Apple Pay，在 iPhone 6 的用户中，这一比例更高，达到了 84%，但只有 20% 的 iPhone 6 用户称曾经使用过 Apple Pay 进行支付行为，而声称自己经常使用 Apple Pay 的更是少得可怜，仅为 15%。指纹作为生物特征，用户在使用 Apple Pay 时提升了安全保障，但日常中不少用户的手指由于湿、汗、干的因素，往往无法通过 TOUCHID 指纹的验证。

另外，APP 端商户受理 Apple Pay 前提条件是苹果需进行审批通过，这个要求是正常的，不过比线下的周期会更长。

【思考研究题】

1. 我国银行为什么要与 Apple Pay 合作？
2. Apple Pay 在我国国内是否可能对支付宝等第三方支付形成挑战？
3. 简述 Apple Pay 的原理，并陈述其优势所在。

互联网＋餐饮篇

网络餐饮业是对围绕餐饮业从事网络餐饮服务的企业的统称。2006 年是中国网络餐饮年，一批企业的成功融资，使得网络餐饮市场被迅速催化，企业数量也爆发式地增长至数百家。按照网站的日常业务范围和习惯，可以大致归结为四种模式：门户网站模式、网络订餐模式、餐饮资讯模式和餐饮点评模式。

第一类是以中国餐饮网和中国美食网为代表的门户网站模式。从商业模式的角度看，餐饮门户，通过提供餐饮产业的新闻资讯，获取点击，从而吸引商户的广告投放。但由于新闻资讯范围过窄，用户主要局限于餐饮从业人员，因此点击率不足，此类网站商业化运作难度较大。

第二类是以饭桶网、订餐小秘书为代表的网络订餐模式。订餐模式是"传统经济 + 互联网"，依附于传统餐饮业，以互联网为载体为用户提供服务。它们相当于餐饮业中介，代消费者向餐厅提供预订，在给餐厅带来客源的同时也给消费者提供折扣。订餐模式的盈利，主要来源于业务提成，导致此类网站推荐商户的公正性较差。

第三类是以请客 800 网、咕嘟妈咪为代表的餐饮搜索模式。餐饮搜索模式提供的是站内搜索，因此该类网站建立了餐厅基本信息数据库，为用户提供查找搜索服务。该类网站的餐馆信息主要由商户自己提供，其盈利的主要来源是以信息刊登形式的广告收入，因此，该类网站信息的可靠性被用户质疑。

第四类是以大众点评网、口碑网为代表的餐饮点评模式。点评模式以大众参与的用户点评为信息主要来源，本质上是第三方餐饮信息共享平台，相对保证了餐饮信息的客观性。该类网站开拓了更多样化的盈利模式，主要有业务提成和广告收入；与前述模式相比，该模式的广告收入更具隐蔽性。

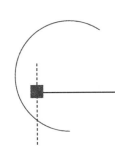

案例一：大众点评网

一、大众点评网简介

2003 年 4 月，大众点评网在上海成立。公司的诞生，完全是源于张涛的个人爱好。从美国完成 MBA 归国后，热爱美食的张涛发现自己和朋友经常会为找地方吃饭而发愁。当时，还没有系统的生活消费或者美食指南，报纸上的相关广告水分也比较多。于是，张涛就想到创办一个网站，并由注册用户自发提供美食与餐馆信息。但一开始，张涛并没有太多考虑 Web2.0 的概念，美国最大的点评网站 Yelp 也在 2004 年才成立。大众点评网主要就是想给用户提供一个平台，用户可以提供个性化的主观评论，各种评论汇集到一起，可以帮助消费者对餐馆形成一个较为全面的"主观印象"。核心用户孜孜不倦地给网站提供点评，用户为网站提供内容更新，正是后来最风靡的 Web2.0 的核心理念。

在这样的核心力量推动下，大众点评网的点评范围也从原先的餐馆商户，拓展到本地生活消费的其他方面，比如休闲、购物、结婚、亲子等领域。由此，大众点评网开始由一家单一提供餐馆点评服务的网站，摇身变成了本地生活消费专家，并逐渐摸索出一套基于本地生活消费信息运营的商业模式。

大众点评网一直致力于城市消费体验的沟通和聚合，其首创并领导的第三方评论模式已成为互联网的一个新热点。在这里，几乎所有的信息都来源于大众，服务于大众；每个人都可以自由发表对商家的评论，好则誉之，差则贬之；每个人都可以向大家分享自己的消费心得，同时分享大家集体的智慧。

大众点评网作为中国互联网餐饮界的一个神话，从 2003 年创业之初就开始了它的传奇发展。它的成功更是得力于其准确的市场定位，以及前瞻性的远见。

二、大众点评网的产品和服务

（一）团购

大众点评网是典型的生活服务类团购网站，包括美食、休闲娱乐、电影、生活服务、旅游、结婚等类别，现在大众点评网的团购业务已经占据大众点评网所有业务的 80% 以上。从 2010 年开始，大众点评网开始加入如火如荼的团购大战。团购并非是一种独立的商业模式，更像是一种工具和产品，是用来解决本地商户的部分营销需求的。因为不同商户在不同阶段的营销需求并不一样，因此需要选择不同的营销渠道。譬如当地商户新开店、地理位置不佳或者淡季，需要在一定时间内聚集人气，团购是不错的选择。而大众点评网涉足团购，最大的优势在于其已经积累的庞大的线下商户资源与活跃用户。

（二）手机客户端

2005年，在互联网获得成功后，大众点评开始踏入移动互联网领域，并先后于2009年底和2010年初推出苹果和安卓系统的大众点评手机客户端。该手机客户端的特点是：操作简单、功能实用，大众点评手机客户端的数据内容与大众点评网站实时同步。

大众点评网手机客户端提供的一站式LBS（Location Based Service）服务，是2011年4月前后推出的签到功能。通过地理位置的定位，让网友可以随时随地查询餐饮、购物、休闲娱乐以及生活服务等城市商户信息，同时还能下载商家提供的电子优惠券、查看消费者点评、购买大众点评团团购以及通过手机签到获取商家优惠。大众点评网手机客户端拥有了一项全新的功能即"签到等位"，该功能让更多人不用到店就能知道某个时间段内商家的排队情况。

（三）优惠券

具有受众覆盖面广，传播针对性强，方便快捷引导消费，增加客流量等优势，可以精确传递优惠信息，持续刺激消费欲望。

（四）关键字搜索推广

帮助潜在客户优先找到商家。以静安区为例，服务优势在于让想在静安区寻找餐厅的会员最先看到商家店铺，类似头版头条概念，在同行中脱颖而出，知名度大幅度提升。

三、大众点评盈利模式

盈利模式是商业模式的核心，任何商业模式的优劣评判，最终都需要通过盈利状况来验证。在互联网企业中，常见的盈利模式有三种，上游企业或商家付费模式、下游用户付费模式、佣金模式。

点评类网站中，或因人气不足，点评信息有限，或因点评对象所属商户的强势，能够同时具备影响消费者和商户的网站不多。然而，大众点评网依托评鉴的影响力，构建了多样化的盈利模式：以点评为核心，涉及广告收入、增值服务、线下服务、佣金收入等多个领域。

（一）佣金模式

佣金收入是大众点评网目前的主要营收来源。

一方面，大众点评网为餐馆提供了有效的口碑宣传载体。随着餐饮业的竞争日趋激烈，商家对于宣传的重视度日益提升，然而受地域、规模等限制，往往缺乏有效的宣传载体，网络餐饮业便应运而生。大众点评网汇聚的点评信息，对于众多"好则褒之"餐馆来说，是一个低成本、辐射广的口碑载体。另一方面，口碑带来消费力。大众点评网的社区化，能够将分散的用户汇集起来，变成有消费力的团队。基于此，大众点评网在与相对分散的餐饮企业博弈中，形成了影响力。

具备影响力后，大众点评网在用户与餐馆之间搭建起消费平台，佣金模式得以实现。

大众点评网通过积分卡（会员卡）实现佣金的收取：第一步，签约餐馆，达成合作意向。第二步，持卡消费。用户注册后，可以免费申请积分卡，用户凭积分卡到签约餐馆用餐可享优惠并获积分，积分可折算现金、礼品或折扣。第三步，收取佣金。大众点评网按照持卡用户的实际消费额的一定比例，向餐馆收取佣金，以积分形式返还给会员一部分后，剩下部分就是网站收入。大众点评网收取的佣金率为实际消费额的2%～5%。

（二）线下服务

收集网友评论写成书籍《餐馆指南》，在多个城市发放，使客户在书籍中学习经营模式。预计主要购买对象是非会员的个人消费者，也可能会有某些服务组织购买，作为服务配套手册发放给服务对象。书籍目前分为北京、上海、杭州、南京四个版本，每本售价为19.8元，仅上海发行量就达到10万册。

（三）无线增值

大众点评网的无线增值业务有两类：

1. 作为内容提供商（CP），与中国移动、中国联通、中国电信、空中网、诺基亚、掌上通等渠道服务商（SP）合作，推出基于短信、WAP等无线技术平台的信息服务，为中国近5亿手机用户提供随时、随地、随身的餐馆等商户资讯，为手机用户外出用餐临时查询提供便捷；例如：用户发送短信"小肥羊、徐家汇"就可以获得餐馆地图、订餐电话、网友点评等信息；

2. 在GPS领域与新科电子展开合作，为汽车导航系统用户精确定位自己的美食目的地。

以上业务所获得的总收入，大众点评网与其合作商按一定比例分成，形成信息收入。

（四）广告收入

使用AdWords广告平台，利用谷歌的定向投放技术，大众点评网开始根据不同地区的用户喜好，在不同的城市投放有针对性的广告，甚至定位精确到用户上网的不同时间段。

目前，网络广告正由第一代的Banner广告[①]向第二代的关键字广告和第三代的精准广告[②]过渡。大众点评网的平衡之法是引入关键字广告和精准广告模式，为商户开展关键字搜索、电子优惠券等多种营销推广。

---

① Banner广告：位于网页顶部，中部，底部任意一处，但是横向贯穿整个或者大半个页面的广告条。又称横幅广告。

② 精准广告：于2006年7月在当年百度世界大会上公布的创新广告形式，以让广告呈现且仅呈现在他想要呈现的人面前为目标。它依托于百度全球领先的技术实力和庞大的网民行为数据库，对网民几乎所有上网行为进行个性化的深度分析，按广告主需求锁定目标受众，进行一对一传播，提供多通道投放、按照效果付费。

大众点评网的关键字搜索类似于 Google 和百度，输入"菜系"、"商区"、"人均消费"等关键字后，会列出一长串符合条件的餐馆以及网友的评论，显示的先后顺序依据餐馆是否投放广告及投放规模而定。这一隐形的广告模式，并没有给用户的体验效果带来直接的负面影响，却拓宽了网站的营收渠道。

电子优惠券是大众点评网上的另一种隐形广告。餐馆为了广告宣传，在大众点评网上发布电子优惠券，由用户打印该券，实地消费时凭券享受优惠。电子优惠券是网站、餐馆、用户三方共赢的方式。

四、大众点评商业范式

综合对大众点评网的剖析，可以发现点评类网站商业模式的范式，其经营轨迹可以分为五个基本步骤：第一步，确立以生活消费内容为点评对象，这直接关系到后续运作的难易程度；第二步，构建大众参与的网站架构，树立独立形象，为网站的低成本运作奠定基础；第三步，宣传推广，汇聚人气，吸引用户的点评，获取不断丰富的点评信息；第四步，网聚用户点评，依托口碑的力量，通过改变消费和营销模式，培育影响消费者和被点评对象所属商户的能力；第五步，线上线下盈利，并通过盈利，进一步加强网站的宣传推广，使其运作达到良性循环。

五、大众点评面临的风险挑战

点评类网站最大的风险是人气流失，这直接关系点评信息的多寡与更新，并最终影响到网站的影响力。作为餐饮评鉴机构，大众点评网还面临评鉴结果权威性的考验。

（一）同质化竞争是否分流人气？

点评类网站商业模式的各环节，尤其是商业价值的挖掘，最核心的是人气。如果人气上升，网站的价值就提升，人气下降，价值就缩水。大众点评网凭借创新模式和先发优势，发展了一批核心用户，从而形成了领先地位。但是，在后继者增多且商业模式基本雷同的情况下，大众点评网保持领先地位的压力和成本必然加大。更为严重的是，加入阿里巴巴后获得流量支持的口碑网，实施"点评搬家，送淘宝现金红包"的策略，即以送淘宝现金红包方式吸引其他点评网站的用户将其点评搬到口碑网上。据媒体报道，该策略推出不久，就有超过 4.6 万条点评从其他点评网站搬到了口碑网。因此，大众点评网能否持续聚拢人气面临考验。

（二）专注还是扩展？

在风险资金进入后，大众点评网加快了地理和业务边界的扩展。但随着边界的扩大，专注还是扩展？这日益成为大众点评网不得不冷静思考的问题。一方面，将餐饮点评模式复制到购物、休闲娱乐、生活服务等领域后，并没有取得预期的人气，实际价值有限。原因在于，购物、休闲娱乐、生活服务的商户特征、用户需求点、目标用户群方面与餐饮有较大差别，由此引发的是不同的业务模式，而大众点评网并没有对应的产品调整。另一方面，大众点评网已扩展至约 300 个城市，并且还在进一步扩展中，这可能导致广而不专。业内人士已经注意到这一问题，并指出，大众点评网在做大的时候一定不要摊薄，至少在一些重点地区要纵深挖掘市场潜力，因为其面临的不仅是口碑网这样的同级别竞争对手，也面临区域内的"地头蛇"，如果广而不专，市场份额很可能被各种竞争对手蚕食。

然而，无论选择专注还是扩展，对大众点评网而言，都意味着较高的风险：如果集中在较小的边界内，可能会丧失市场；扩张到更广的区域，不仅要投入更多的资源，而且还可能承担网站价值被稀释摊薄的风险。

【思考研究题】

1. 大众点评如何应对挑战？
2. 分析大众点评的盈利模式。
3. 大众点评为什么能够获得成功？

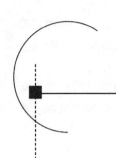

案例二：美团网

一、美团网简介

美团网是中国大陆地区第一个精品团购形式的类 Groupon 电子商务网站。所谓团购就是团体采购，也称集体采购。指的是认识的或者不认识的消费者联合起来，来加大与商家的谈判能力，以求得最优价格的一种购物方式，根据薄利多销、量大价优的原理，商家可以给出低于零售价格的团购折扣和单独购买得不到的优质服务。团购网就是团购的组织平台。

美团网作为最早一批团购网站的代表，美团网每天将推出多款精品消费，包括餐厅、酒吧、KTV、SPA、美发店等，网友能够以低廉的价格进行团购并获得优惠券。同时给商家提供最大收益的互联网推广。

2010 年 3 月 4 日美团网正式上线。上线以来，发展迅速，和拉手网等团购网站竞争激烈，成为国内主要的团购网的代表。

2016 年 1 月，美团点评完成首次融资，融资额超 33 亿美元，融资后新公司估值超过 180 亿美元。

二、美团网的产品种类

1. 服务类（折扣以 3~5 折居多，最低可以达到 2 折）：餐厅/自助餐、理发、KTV、游乐游艺、健身房、酒吧、演出、电影等。

2. 实物类（折扣通常为 5~8 折）：化妆品、衣服、食品、家居用品、数码产品等。

三、美团网的商业模式

（一）运营模式

美团网的运营模式就是我们熟悉的 B2C 模式，即消费者通过网络直接参与经济活动，企业通过网络销售产品或服务给个人消费者，最终的目的是提供物美价廉的商品。

美团通过索引资源取得较好的产品或服务，再将这些产品或服务推上网络；提供充足资讯与便利的接口，吸引消费者选购；再将这些订单汇总起来形成很大的业务量，直接向厂家进行采购。

1. 业务流程

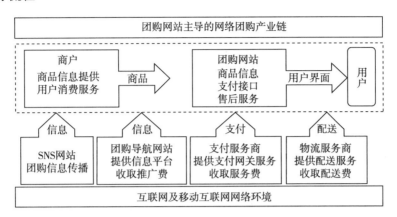

2. 资金流

根据美团网的用户协议，在支付团购价款中，美团是先接受商家委托，代商家向用户收取团购价款，随后，用户将团购价款支付给美团网且支付成功，就能视为用户已向商家履行团购支付义务，消费者消费后出示美团码则是已支付凭据。美团网的结算方式：一是商家通过结款系统，根据当时完成的销售情况，每半个月与美团网结算一次；另一种方式是商家预先设定好，每完成10%～15%的销售量，就可以通过该系统自动结算一次。用后一种方式，商家的资金可以快速回流，对于资金实力并不雄厚的中小商家来说，这种自动结款系统更是意义重大。

（二）盈利模式

1. 美团网现阶段的主要盈利模式是佣金模式。收费对象为商家。主要包括：通过出售团购商品，直接赚取中间的差价；通过出售商品进行高百分比的抽成；通过协议帮商家做折扣促销，按照协议金额形成收入。目前，美团尚未通过广告或内容订阅等其他渠道盈利。

2. 美团网未来可以发展的其他盈利模式

广告费模式（向商家收费）：不可避免的，广告收入将是美团网未来收入的一部分。基于美团网的高流量多会员的情况，美团网的广告的功能也得到了极大的凸显。对于商家来说是一个非常好的广告平台。商家在美团网上做广告，比如在美团页面首页醒目位置放置商品广告，或针对不同地区的人群放置不同的广告，美团网由此收取广告费。

服务费模式（向用户收费）：接受服务本身也是一种消费。美团网所提供的应该是大量的优惠信息服务，以及合适的产品推荐。通过差异化的服务来收取用户的费用。当申请的会员级别越高，所能得到的信息就越多，甚至信息可能实现个性化的定制，而且给予更多的优惠。所有这些服务都构成收费的基础。

（三）营销策略

1. 价格策略。让人无法抵抗的折扣诱惑，一般都是五折或者更低。

2. 渠道策略。直营策略，即由公司总部直接经营、投资、管理各个零售点的经营形态。总部采取纵深似的管理方式，直接下令掌管所有的零售点，零售点也必须完全接受总部指挥。

3. 促销策略。美团网的促销政策采取捆绑不同类知名产品的方式，来进行团购促销。

4. 业务扩展策略。美团网将团购业务从一线城市向二三线城市，通过地域扩展，增加团购活动次数，扩大网站的营收规模，以带动业务增长。

5. 广告策略。美团网通过店铺网页、微博、微信及结合 SNS 等交友网等多种方式进行宣传，提高自身团购品牌的知名度。

四、美团网的竞争优势和劣势

（一）竞争优势

1. 100%的物流掌控。100%的物流掌控，是美团网站的一大亮点，颠覆了 B2C、C2C 的物流原则。美团网的物流方式是在消费之后消费者将获得一个唯一的美团验证码，带着验证码到相应的城市购买，既节省了物流的时间与成本，也让消费者更感到踏实。

2. 品牌知名度高。美团作为中国团购业的先驱，带领了中国团购的发展，美团具有数百万的团购用户且保持高速增长，创始人王兴曾创建饭否网、校内网等热门网站，在互联网界有很高的知名度和美誉。

3. 运营经验丰富。美团网是国内第一家团购网站，也是国内第一家拿到团购资质的网站，比较专业，虽然是借鉴国外的运营模式，但是其具有先入为主的优势，经验和用户依赖程度较高。美团还拥有强大的洽谈团队，经过长时间的积累，有着丰富的商业合作谈判经验。

（二）竞争劣势

1. 人才储备不足。国内的团购市场同质化严重，团购网站在商业模式上很难做到差异化的情况下，及时地更换商品广告，挖掘潜力市场，让顾客得到更大的折扣以及让服务器稳定运行就显得尤为重要。而横向对比，美团在这些方面的人才在数量和质量上仍处于劣势。

2. 宣传比较单一。目前的美团还是以传统宣传渠道为主，对于目标用户的直接方法是邮件和短信。虽然同时展开了地铁、公交、墙体广告的投放力度，但是对于新型的宣传渠道利用率还不充分。

3. 融资渠道狭窄。糯米网有千橡无预算的投入资金，58 团购有 58 同城的资金支持。而美团网的资金大部分来自于风险投资，并不稳固。

4. 团购是一个门槛相对较低的行业，虽美团看起来还有较高的市场占有率，还是很难形成行业壁垒。

五、美团网与"饿了么"的对比分析

（一）根据百度手机助手统计，美团外卖 APP 的下载量是 156 万，而"饿了么"的下载量是 206 万。由此可见，"饿了么"在 APP 用户数量上超过了美团外卖，但美团用

户的增长率较高。

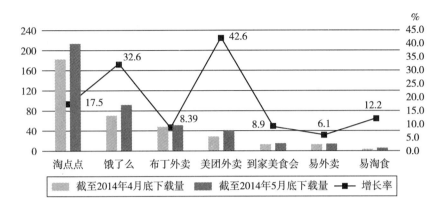

资料来源：CnitResearch。

外卖类 APP 下载量（单位：万）及环比增速情况

（二）"饿了么"还推出了微信拼单、赠水果等小活动。综合看来，美团的活动虽然种类较少，但商家参与活动比例高。而"饿了么"的活动花样繁多，给了不同商家选择的余地。

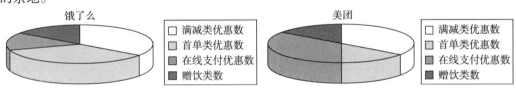

"饿了么"优惠比例与美团优惠比例

六、美团网未来发展建议

1. 美团网应该加强预付款的安全管理和信用体系的建设。美团网可以加强和成功的电子商务企业合作，借鉴他们信用体系建设的成功之处，如支付宝第三方支付平台，要尽量体现美团的竞争优势。

2. 注重创新能力，提高品牌效应。团购行业相对而言门槛较低，竞争优势比较难以保持，消费者在购买时很多都是冲着商品的价格而来，所以要保持稳固的客户就要不断创新，开发新项目，吸引消费者。

3. 加强新型宣传渠道的利用。目前美团还是以传统宣传渠道为主，但对于新型宣传渠道的利用率还是不充分。

4. 售后服务的完善。美团网售后服务做得比较好，但是在客户投诉那一块还是需要改进，要提高顾客投诉的处理速度，赢得消费者信任。

【思考研究题】

1. 美团网如何应对挑战？
2. 分析美团网的商业模式。
3. 分析美团网的优势和劣势。
4. 分析美团网成功的原因。

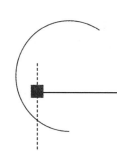

案例三：饿了么

一、"饿了么"是餐饮 O2O 模式

（一）O2O 概念

O2O 即 Online To Offline（线上到线下），是指将线下的商务机会与互联网结合，让互联网成为线下交易的平台。2013 年 6 月 8 日，苏宁线上线下同价，开启了 O2O 模式的序幕。其中，实现 O2O 营销模式的核心是在线支付。

（二）"饿了么"运作模式

1. 业务模式

目前，"饿了么"提供的产品和服务是在其订餐交易平台开通有经营权的店铺，发布产品信息，为普通用户提供外卖服务。同时"饿了么"网为餐厅提供有效的管理软件。"饿了么"的主营业务是小店外卖，针对的用户以中低端用户为主。

2. 核心能力

"饿了么"利用了互联网这一平台使顾客通过网络可以方便快捷地订餐，且菜式多样，一目了然。"饿了么"从现代社会人们快节奏的生活作息中发现商机，根据调查显示 70.4% 的受访者都是因为网络订餐的便利性与快捷性而选择了网络外卖。

3. 运作过程

"饿了么"在不同的地方先组建自己的团队，然后扩展业务。比如在 A 城有一个"饿了么"团队，他们想发展在 B 大学附近的餐饮外卖服务，他们就会与 B 大学周边的商家一家一家地进行洽谈，签订合同达成合作，由"饿了么"提供预订等相关信息服务，有效地打开商家的客源范围，由商家提供餐饮的制作。消费者在"饿了么"平台上进行预订和在线支付，由平台所合作的当地第三方配送团队进行餐饮的配送。由此形成了从餐饮订购制作到送达的完整链条。而这一过程，最大程度地为商家带来了更多的客源，打响了知名度；为"饿了么"带来了更多的收益；为消费者提供了更加简便快捷的订餐及支付服务；也为第三方配送这一新产业带来了更多的发展机遇。

（三）"饿了么"盈利问题探讨

1. 盈利方式

"饿了么"有以下几种主要的盈利方式：（1）收取服务年费；（2）外卖抽成；

（3）商户的推荐广告费；（4）商户的竞价排名；（5）流量费的收取。竞价排名和广告方面的收入刚刚起步，目前"饿了么"的收入来源以为商户提供 SaaS 基础服务和物流方面为主。"饿了么"实际上并没有盈利，甚至一直在亏损。

2. 对于盈利的思考

"饿了么"运作思路和当年团购网站很像：先不管是否赚钱，不管是否违背生意的本质，先烧钱抢占市场，抢占用户；到了一定的规模，继续融资，继续烧钱，继续抢占市场和用户，然后继续下一轮融资。

3. 从阿里投资中得到的启示

美团与大众点评的合并，给了"饿了么"不小的压力。2016 年初，阿里以 12.5 亿美元战略性投资"饿了么"，成为最大的股东。阿里战略投资"饿了么"的操作方式，与阿里在高德、UC 和优酷土豆的投资一模一样。2013 年 5 月，阿里向高德投资 2.94 亿美元，换来 28% 的股份，一年之后，阿里宣布全资收购高德；2013 年 3 月和 12 月，阿里两次总计向 UC 投资 6.9 亿美元，这笔投资的占股也达到 20% 以上，一年之后，阿里宣布全资收购 UC；2014 年 4 月，阿里向已经上市的优酷土豆投资 12.2 亿美元，并将持股比例在随后一年时间内增至 20.7%，进而宣布全资收购。

我们看出：阿里会以 20% 的占股需要为基准线，对那些有助于迅速带来稳定市场份额的成熟公司进行投资，且在随后一年左右的时间内以略高于市场价的筹码提出收购要约。

（四）BAT 三大巨头分食餐饮 O2O

餐饮 O2O 已由百度外卖、"饿了么"和美团外卖占据，而其背后实则是由百度、阿里巴巴、腾讯三家掌控，餐饮 O2O 市场也就形成了 BAT 三大巨头分食的格局。

二、外卖的第三方配送

（一）第三方配送的概念

第三方配送也称第三方物流配送模式，是指由物流劳务的供方、需方之外的第三方去完成物流服务的物流运作方式。

（二）第三方配送产生的原因

随着越来越快节奏的生活脚步，人们开始追寻更加便捷的餐饮方式，从而打开了餐饮 O2O 的新模式，而第三方配送作为该模式的衍生产业也就应运而生。同时，随着餐饮外卖行业的客户需求量日益增加，小商家很难在高峰时期腾出人手或是专门去培训一个送餐团队，因此为了成本考虑，很多商家都选择了第三方配送团队来负责送餐的服务。

（三）以"蜂鸟"为例阐述第三方配送的运作模式

"蜂鸟"是"饿了么"外包合作的第三方配送团队。"饿了么"是这样规划这套蜂鸟系统的：用户点餐订单可直接推到蜂鸟系统；订单信息通过蜂鸟系统直接推送给指定的本地第三方配送团队；团队接单后，由后台调度系统派单并规划最佳路线，团队送餐员前往商户取餐；最后完成商品的物理转移，完成整个配送链条，从而完成线上到线下的 O2O 闭环。

（四）第三方配送的优点和缺点

1. 优点

从效率和成本来考虑，第三方配送极大地提高了"饿了么"这类餐饮平台的配送效率，且很好地解决了用餐高峰期商家人手不足的问题。对于传统中小餐馆而言，缩减的配送成本十分可观，用原先人力配送成本的45%，就能完成店铺外卖的配送需求。第三方配送拥有自己的配送系统，从而实现了订单的信息化，用户可以随时查询自己的外卖状态及位置。从配送公司角度来讲，这也是另一个领域的开拓，除了做餐饮外卖外，还可以利用闲暇时间配送超市商品和生鲜水果，充分利用自身的运力。

2. 缺点

（1）该行业的毛利非常低，可能一份餐饭送餐员只能赚取几块钱。（2）由于送餐时间多集中在餐饮高峰期时段，从而导致在其他时段出现人员空闲，人力浪费。（3）商家、消费者和第三方之间的信息传递也存在一定的障碍，这就很容易导致在送餐时间或者餐饮制作服务上出现问题。（4）配送的标准化也成为了一个难题。

（五）配送难以标准化的原因分析

1. 市场上的配送团队各不相同

在拥有一定稳定的市场规模之前，第三方配送很难做到标准化。目前市场上有各种各样不同的第三方配送团队，比如像"饿了么"的配送团队"蜂鸟"，还有"快跑者"等。由于第三方配送也是基于餐饮O2O而催生出来的衍生品，因此它现在还处于初级发展阶段，配送团队多以小型团队为主，不具有规模性，且欠缺标准的统一管理。

2. 市场对于配送公司的管理缺乏统一性

市场对第三方配送、对外卖平台的管理没有严格的规定，这才导致了短短两年的时间三大巨头（百度、"饿了么"、美团）分食垄断了整个餐饮外卖市场。在迅速发展的时期，很多配套的规定和管理措施都难以跟上，使得催生而出的配送服务也没有统一的管理措施，虽然现在还没有出现问题，但缺乏统一管理必将成为一个巨大的隐患。

（六）"饿了么"与商家及第三方配送的关系

1. "饿了么"与商家的合作。首先是由"饿了么"的区域经理去与当地的商家进行洽谈，双方通过签订合同的方式正式确立合作关系。由商家提供餐饮制作，"饿了么"提供客户来源和配送服务，最终完成整个外卖服务。两者是相互合作共同发展的关系。

2. "饿了么"与第三方配送的合作。以"蜂鸟"为例，作为"饿了么"的配送团队，首先"饿了么"会与其确认雇佣关系，通过配送团队来为商家进行配送服务。然后由"饿了么"区域经理牵头将配送公司负责人与商家进行合作洽谈，区域经理将商家ID报给配送公司负责人，商家就算正式开通"蜂鸟"配送了。

三、小结

从餐饮O2O近年来的飞速发展，我们可以看出，只要找到大众的需求所在，商机也就无处不在。BAT三大巨头对餐饮O2O中的垄断，也不会导致网络餐饮行业发展停滞。首先，餐饮O2O相对而言还是一个新兴行业，它的不可预测性以及潜在的发展能力我们尚不可知，其次，相关的衍生行业也在频频出现，如今像一些新鲜水果或甜品饮料的餐饮预订服务应运而生。再次，第三方配送标准化也会随着时间的推移不断成熟。未来第三方配送的兴起是餐饮O2O发展的又一必然趋势。

【思考研究题】

1. 为什么"饿了么"会发生餐饮质量不合格的问题？

2. "饿了么"、第三方配送与餐饮店如何实现合作共赢？

3. 餐饮O2O能够赢利吗？

案例四：餐饮预订平台和美食社交平台

一、餐饮预订平台

（一）餐饮预订平台概述

1. 介绍

餐饮预订类业务是指客户通过第三方餐饮预订平台或餐厅预订平台等对餐厅进行预订，订餐者可通过餐饮同步管理系统对餐厅、菜色和餐位进行查询；通过在线智能点菜系统进行预订餐位、线上点菜并线上支付定金。

常见第三方餐饮预订平台有订餐小秘书、宴请网、美味网等。

2. 现有预订方式

现有的餐厅预订方式有电话预订、网上预订、来店预订及合同预订等，主要以电话预订与来店预订为主。

我国餐饮行业预定方式存在的主要问题。（1）记录方式落后。大多数采用手写记录的方式执行预定记录，有的采用便笺记录，或者所有菜单等罗列制成表单，采用选择的方式进行记录汇总。点菜既耽误顾客的时间，也需要增加点菜员。在繁忙的时候，点菜就成了瓶颈，增加客户等待时间。（2）订单遗漏，服务质量不高。没有提前准备的信息，对于恰逢自己喜庆事情的客户就造成了负面影响。还会出现忘记、遗漏、丢失的现象，客户到店说已经预订，却查不到预订信息，直接导致客户流失。（3）没有对订单作为一种信息进行存储、处理、分析，从而产生价值。即使有信息系统的企业，也只是将所订的单子，订购确认后传到后台服务，信息就了结。稍好一点的餐饮企业还等到结账后处理。但也有部分较大的餐饮企业将所有信息录入电脑，同时将菜单信息、消费人数、价格等分类汇总，以方便下次客户的光顾或做定期回访时使用。没有信息的来源，导致餐饮企业负责人在做决策时没有任何依据。

3. 互联网餐饮预订的优势

餐厅使用稳定、方便的餐饮预订平台，有以下好处：（1）通过网络平台增加餐厅菜品宣传渠道，提升知名度；（2）用户在线点菜，可以减少预订错误，准确预计各类食材的可能用量，减少浪费，降低经营成本；（3）方便餐厅座位协调管理，减少座位闲置；（4）预订客户消费能力较强，为餐厅增加营业收入；（5）餐厅使用的餐饮管理系统集成化程度很高，可以让餐饮业管理更加轻松自如，同时实现低成本高效率的管理理念，还可以释放出一定的人力，节约人工成本；（6）客户预订、消费流水信息得以保留，清晰可查，为客户回访提供便利，同时有助于餐饮企业负责人统计餐厅经营状况，从而更好地进行决策。

对客户而言，有以下好处：（1）平台为消费者提供海量餐厅、菜单信息，方便消费者熟悉了解，增加消费者选择；（2）提前预订，方便控制预算，避免在点餐过程中出现超出预算的尴尬局面；（3）预订下单方便快捷；（4）通过平台预订可享受优惠、积分活动；（5）无须排队等待，节约时间。

（二）餐饮预订平台运营流程

预订过程主要分为四个部分：第一步是客户在网站下单，第二步是网站对餐厅下单，第三步是客户去餐厅用餐，第四步是平台与餐厅的流量结算。

前两步为平台侧控制，后两步为经销商侧管理。

以前两步为例，具体过程为：（1）客户登录餐饮预订平台（网站或 APP），根据自己的目的和喜好筛选餐厅；（2）填写预订信息，如举办单位名称或个人、接洽人信息、用餐日期及时间、用餐人数、餐位选择、订餐类别（风味菜、粤菜、西餐套餐或自助等等）有无禁忌、其他特殊要求；（3）订单确认；（4）派发电子请柬。

（三）常见餐饮管理系统

1. 整合餐厅 CRM 系统下单

通过预订平台和各个餐厅的 CRM 系统进行整合，可以实时查看餐厅的座位和菜品，可以网上点菜并能实现餐厅同步。目前，餐饮专业 CRM 有 1000 多种，每个餐厅所选择的 CRM 又不尽相同，对接口的兼容性是个很大的挑战，同时数据量也是多如星辰。

总之，这个方案可以网上点餐、同步快、无人工互动，但缺点就是太耗费精力和金钱。

2. 自动语音确认下单

将预订平台与云呼叫中心平台对接，当客户在网站或 APP 界面点击预订后，预订平台会将订单信息推送给云呼叫中心平台，由呼叫中心自动向餐厅发起一个呼叫，餐厅会接到一个自动语音播报的订单请求，按相应键回复即可。预订平台在接到餐厅的回复信息后，会发出一条短信到客户手机，告知订位成功。餐厅同时做好记录即可。如果客户所选定的时间段没有座位了，系统也会发送一条没有预订成功的信息通知食客。整个过程没有太多人工参与，省时省力。而且，在预订比较集中的节假日，该平台在处理能力和电路资源方面可以弹性地增加，可从容应对业务的峰值。

该模式把每笔订单的成本压缩到了之前的 10% ~ 20%，还不到 1 块钱，大大降低了运营成本，而且实现了一上线就覆盖全国上万商家的目标。总结该方案的特点：下单交互快速，商家确认便捷，成本低，可操作性强。

3. 增值业务

为提升自身竞争力，许多第三方预订平台还提供了各种各样的增值业务，如餐前迎接，酒后代驾，餐饮过程中提供鲜花、蛋糕、乐队，出具宴请报告，供预订者向上级或领导汇报等，增加了对消费者的吸引力。

二、美食社交平台

美食社交平台是用户美食互动的社区网络，专注于为用户提供在线厨艺交流、美食攻略、菜谱分享等在线服务。美食社交平台主要分为美食推荐类（点评类）和美食制作类。

（一）美食推荐类平台

1. 介绍

美食推荐类平台又叫美食点评类平台，这种 O2O 模式基于真实线下消费，线上评价，依托于已经构建成熟的本地生活信息及交易平台，采用第三方评论模式，消费者向大家分享自己的消费心得，将自己遇到的美食配以图文放到网上进行分享，向其他消费者推荐身边美食，帮助解决吃饭问题，除此之外，消费者可以自由发表对商家的评论，好则誉之，差则贬之。

这种独特的模式在传统的团购类 O2O 模式中一枝独秀，特点是帮助消费者实现享受集体智慧成果，受到众多消费者的好评、喜爱，逐步发展成为一种较为成熟的 O2O 模式。在该模式下发展较好的平台有大众点评、饭本、美食每刻、食遇等等。

2. 发展前景展望

（1）蕴藏庞大潜在客户群

"吃"是经久不衰的朝阳行业，且如今随着人们收入的增加，越来越多的人开始追求更高的生活水平，对"吃"的关注度和追求不断提高，但是往往"吃什么""去哪吃""和谁吃"等问题成为困扰人们的难题。美食推荐类平台的本质是分享美食，从某种意义上帮助人们解决了以上难题，使人们更加享受美食带来的快乐，从而使越来越多的用户喜爱、需要美食推荐类平台。

（2）具有广阔的盈利空间

凭借 Web 时代的用户与品牌红利，如果能利用移动互联网 SOLOMO（社会化、本地化、移动化）的优势为线下餐饮商家带去更多的顾客或让其为更多的用户所知，商家是很乐意为之付费买单的，为平台带来盈利点。

（二）美食制作类平台

1. 介绍

美食制作类平台主要以在线菜谱、菜谱 APP 模式为主，该模式得益于互联网与智能手机的快速发展，常见的有三种方式，一是基于菜谱的食材/半成品电商，二是通过特色菜、经典菜向线下餐厅导流，三是用户通过网络上传分享自己制作的家常菜。

美食制作类平台上有千种丰富实用的线上菜谱，有方便的半成品食材供用户选择购买。工具＋美食社区的模式积累了大量流量，是餐饮领域重要的线上入口。

优点：用户可在线上找到自己需要的菜谱，若家中原材料不齐全，可在平台上购买，或可直接购买半成品，操作简单，口感理想，方便快捷。

缺点：半成品价格比超市、菜市场相对较高，但低于餐厅消费；半成品原料不能由

用户亲自挑选，质量上容易出现问题。

2. 发展前景展望

（1）发展前景广阔，用户定位在 80 后、90 后

截止到 2015 年 8 月，豆果美食注册用户数量超过了 1 亿，成为国内最大的美食分享社区。

70 后、60 后绝大多数人会做饭，50 后和 40 后天天去超市和菜市场，只有 90 后和 80 后才会认为做饭是个难题，由此这个市场才会挖掘出来。随着 80 后、90 后成为当下生活的主力军，在家做饭成为大多数家庭的难题，美食制作类平台愈发显得重要。

可能的盈利点有：食材导购，烹饪器具、厨具导购及销售，与美食相关的广告植入。

（2）竞争激烈

由于美食制作类平台赢来越来越多的年轻人的喜爱和重视，因此也得到了越来越多的创业团队涉足，导致竞争越来越激烈。

（3）得到越来越多的用户支持

根据资料表明，平台用户似乎都很喜欢将自己所做的美食以及制作原料配比、制作过程等详细地分享出来供其他人学习、交流。一方面，满足了自己的炫耀欲望，另一方面还能帮助到别人，另外就是有可能得到其他人的赞美与请教。

3. 发展建议

（1）提高服务质量，进行产品创新

在竞争激烈的当下，唯有提高服务质量，增加用户满意度，进行产品创新，创造自身特色，才能使自己长久立于不败之地。

（2）创造盈利点

厨房是重要的生活场景，厨房经济可以成为提生活高品质的入口。除了将平台的盈利点设置在半成品食材、调味料上之外，还可以将赢利点设在厨具、厨房小家电上等。

（3）加大对半成品的监管力度

无论是平台还是政府部门都应该加大对半成品的监管力度，保证食品的安全性、健康性、新鲜程度等。

（4）丰富菜谱种类

为不同需求的人群定制不同类别的菜谱，如减肥菜谱、工作菜谱、养颜菜谱、素食菜谱等，还可组建专业营养师和医师团队提供量身定制的套餐菜谱，提供专业化、个性化服务。

【思考研究题】

1. 分析餐饮业互联网预订的主要障碍有哪些？

2. 餐饮网上预订的主要价值有哪些？

3. 美食推荐平台如何动作？

4. 美食制作平台如何运作？

互联网＋社交媒体篇

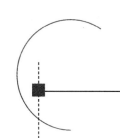

案例一：网红经济

一、Papi 酱与李大霄

（一）Papi 酱

"Papi 酱"微博粉丝数已有 800 万之众，微信公众账号的浏览量几乎每篇都超过 10 万，视频总播放量已超过 2.9 亿次。嗅觉一贯十分灵敏的风险投资机构看准了这个商机，闻风而动，资本疯狂涌入网红市场，追逐丰沛的利润。以"人不穷怎么当网红"自我调侃的"Papi 酱"很快就成了风投的"猎物"，3 月 19 日，阿里巴巴旗下的阿里拍卖为"Papi 酱"举行个人视频广告标售，最后标出 2200 万元人民币天价；据媒体估算，"Papi 酱"个人估值已达三亿元人民币。真格基金、罗辑思维、光源资本和星图资本对"Papi 酱"联合注资，成为 2016 年网红界的标杆性事件。

（二）李大霄

百度财经人物风云榜搜索指数排名第一的英大证券首席经济学家李大霄也是一位大名鼎鼎的网红，目前其微博粉丝数达 227 万，有机构预测他的身价估值超过 10 亿元。去年，《财经郎眼》栏目制片人王牧笛和天翼资本合伙人匡澜一起创立了北京牧澜文化传播有限公司，李大霄是其股东之一，同时也是其微信公众账号的"当家花旦"，他不仅继续充当意见领袖的角色，发表财经文章，还制作关于 A 股市场的搞笑视频。网红经济在李大霄身上体现得淋漓尽致。

二、"新三板网红"：飞博共创与星推网络

网红具有强大的"吸粉力"，借助互联网这个庞大的"孵化器"，依靠微博、微信、QQ 等自媒体，利用爆料、搞笑、幽默的图文与场景化视频聚集起大量的人气，并通过淘宝等电商平台将数以十万计的粉丝转化为消费群体，关键在于通过亿万粉丝点击而产生的流量变现，变现的途径就是将粉丝的注意力转化为购买力。有专家将网红经济比喻为一波又一波"吸睛"的潮水。新三板最近也是相当热闹。网红概念股层出不穷。

（一）自媒体派：飞博共创

飞博共创挂牌新三板的时候，凭借着"冷笑话精选"起家的"自媒体第一股"，还引起了不少媒体的关注。

盈利模式：以通过分享多维度资讯带动人气和流量，并加入各种类型的广告服务，通过收取客户服务费的方式实现盈利。

经营风险：基于公司打造的自媒体矩阵载体基本上为第三方社交平台，存在账号归属问题风险。

收入构成：公司主要收入来源为广告收入，占当期营业收入的99%以上。

年报：据飞博共创2015年年报显示，公司报告期内实现营业收入2907.8万元，同比增长52.06%；归属于挂牌股东的净利润为388.45万元，同比减少26.26%。

挑战：伴随着视频直播的兴起，段子手红利已经逐步减缓。网红经济时代，飞博共创也面临行业转型的问题。

应对方案：2015年下半年飞博共创尝试打造电商平台，依靠自媒体渠道，扩张粉丝经济；飞博共创在2016年连续布局两起投资，与著名网红合资开公司，意图借助合作网红个人在自媒体平台的影响力，布局网红经济，粉丝经济，扩充自媒体矩阵。

（二）娱乐营销派：星推网络

星推网络2016年3月24日才挂牌新三板，在极短的时间内便获得了娱乐营销第一股的名头。星推网络是在娱乐营销领域首个拿到私募投资并成功挂牌新三板的公司。

主营业务：社会化娱乐营销

商业模式：以"大数据＋创意＋技术＋明星资源"为核心，构建社会化娱乐营销生态体系。

收入构成：绝大部分营业收入依赖于为综艺节目和企业客户提供互联网整合营销服务。

经营模式：除了利用自身的媒体渠道，还建立了自己的网络平台。

年报：星推网络2015年实现营业收入4903.46万元，同期上涨4.78倍；归属于挂牌股东的净利润为1248.93万元。

应对大潮：开始打造"网红"孵化器平台——网红星工场。网红星工场的造星模式，主要是利用自身的社会化娱乐营销积累的渠道优势和自建的网络平台，量身打造属于自己的"网红"；借助自有网络平台进行网络推广服务。

三、星推网络

杭州星推网络科技股份有限公司主要致力于新媒体整合营销服务（包括娱乐营销、企业营销、艺人经济、渠道代理等），通过娱乐核心要素的整合创新，结合新媒体与传统媒体资源为娱乐项目和企业品牌提供整合营销服务。目前其已经成为国内娱乐推广最具影响力的企业。

（一）星推网络的展业

1. 娱乐营销

公司拥有丰富的娱乐圈渠道资源，为影视、综艺节目设计推广方案、制作宣传内容，为娱乐节目制造话题，扩大娱乐节目的传播范围，提高节目的影响力及受关注度。公司与浙江卫视、北京卫视、广东卫视、四川卫视、湖北卫视、腾讯视频、爱奇艺等建立了密切的合作关系，策划推广了《奔跑吧兄弟》、《十二道锋味》、《最美和声》、《一步之遥》等67档热门影视、综艺节目。

公司旗下的星推网是全国首个互联网娱乐营销资源交易平台，拥有海量的明星资源以及明星、网红、地方媒体自媒体资源，签约艺人160余名，具有影响力强、粉丝覆盖面大等优势，有利于为企业品牌及产品推广赢取高关注度，实现推广收益最大化。

公司旗下"娱乐帮"是国内首个娱乐电商平台，提供众多综艺节目的视频、资讯、独家爆料花絮，更有海量娱乐视频短片资源，好玩的视频弹幕。以大量一手娱乐内容为依托，对全国热门综艺节目进行一体化社区整合，融入个性娱乐消费的电商平台，通过综艺娱乐消费电商大数据优化，实现"我的娱乐我做主"。娱乐帮云集娱乐创意、风格独特、价格合理的娱乐消费品。热门综艺节目、制片方、播出平台、明星、赞助商、粉丝、幕后推手、娱乐达人的个性小店，为全民娱乐消费者提供紧跟娱乐潮流的消费商品和服务。网罗全球娱乐资讯，极具个性的娱乐消费技巧，令娱乐消费的快乐体验触手可及。

公司研发团队以大数据为参考和依托，研发出了为用户提供大数据挖掘和服务的国内最大的"两微一端"数据系统。该系统目前共收录1.5亿个微博数据、94万个微信公号数据和84万个APP数据，是目前国内最大的第三方微信数据库，日常监测的微信公号超过32万个，监测数量超过同类平台一半以上。根据新媒体传播规律，我们设计了微信传播指数（WCI）和微博传播指数（BCI）。其中WCI已成为应用最广泛的微信影响力权威评价指标。

2. 商业营销

通过娱乐内容再造和大数据分析，为企业客户带来大量流量，实现企业品牌和产品的精准营销。中国电信、腾讯、携程、乐视、伊利、香飘飘、水星家纺等知名企业均为公司长期大客户。

（二）娱乐内容制作

公司于2016年开始，进军电影、电视以及网络节目等娱乐内容制作领域。

1. 娱乐智能硬件

公司适时推出综艺娱乐手环，综艺眼镜、手机，娱乐跑步机等智能硬件产品。

2. 娱乐金融

2020年中国娱乐金融产业将形成190亿的巨大市场。公司将加速娱乐金融体系的构建，推出影视理财产品，电影、游戏、网剧、娱乐视频制作以及热门影视剧制作众酬等娱乐金融产品。利用公司独特的海量明星资源，为娱乐金融投资者提供探班剧组、明星见面等专属娱乐特权。

（三）星推网络的大数据

1. 娱乐大数据

星推大数据通过对影视节目的收视率、全网文章量、点击量等指标分析以及对明星自媒体总阅读量、头条数量、点赞数量等数据的分析，对电影及综艺娱乐节目制片方选择题材、挑选艺人、确定推广方式等提供专业的咨询顾问服务。

2. 消费大数据

星推大数据通过对消费者的性别、年龄、知识层次、消费能力、消费习惯等数据的分析，为企业客户设计制造产品、实现精准营销提供咨询顾问服务。

四、网红经济的诱惑

有媒体报道称，众多网红电商盈利惊人，有些营收甚至超过 3 亿元，背后商机巨大，即使是二三线网红，年收入也能达到上千万元，赶超二三线影视明星收入。业内人士预测，目前，网红经济市场潜力将超千亿元。

网红概念股板块共纳入了 16 只 A 股。其中"直播 +"题材不在少数，投资者不乏一些行业龙头。恺英网络，A 股，2015 年年报实现营业收入 23.39 亿元、净利润 6.55 亿元，分别同比增长 221.42% 和 946.99%；广博股份则以 786.89% 的净利润同比增长位居第二。

【思考研究题】

1. 网红收入如此之高，给青年学生的价值观是否会带来冲击？
2. 网红平台是如何营销的？
3. 网红经济对传媒业有什么影响？

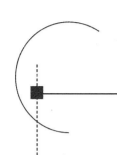

案例二：罗辑思维

一、罗辑思维简介

罗辑思维，目前影响力较大的互联网知识社群，包括微信公众订阅号、知识类脱口秀视频及音频、会员体系、微商城、百度贴吧、微信群等具体互动形式。罗辑思维 2012 年 12 月开播，8 个月内在微信上吸引了 50 万听众，音视频播出量 3000 万次。2013 年 8 月，进行了第一次会员招募，四个小时候后售罄 5500 个会员，入账 160 万元，被称为"史上最无理的付费会员制"，当天被认为自媒体最有意义的一天。2013 年 12 月，罗辑思维第二次招募会员，仅在 24 小时内就卖出 2 万个，收入 800 万元。截至 2015 年 10 月，罗辑思维的微信公众号订阅量已经突破 530 万人。2015 年 10 月，罗辑思维完成 B 轮融资，估值 13.2 亿元。本轮融资由中国文化产业基金领投，启明创投等跟投，同时，柳传志等行业大佬也以用户的个人身份参与了罗辑思维的投资。华兴资本担任此次融资的独家财务顾问。

优酷直播罗辑思维读书会，开启直播变现新时代。4 月 23 日，由罗辑思维创始人罗振宇携真格基金创始人徐小平、锤子 CEO 罗永浩、财经作家吴晓波、米未创始人马东、《舌尖上的中国》总导演陈晓卿等十位好友，在罗辑思维优酷自频道举办了一场"史上第二大读书会"。

这场读书会还是网络直播商业化的里程碑。4 月 23 日罗辑思维读书会直播时段，罗辑思维天猫店的访客数、销售量均是数倍提升，其中约九成购买来自于观看直播的观众。

除了在线观看的网友众多，本次直播在商业化方面也别出心裁。一方面，这是一场收费的读书会，每一位观看直播的网友需要通过罗辑思维天猫旗舰店购买 10 元的入场券。另一方面，每一位大咖读书结束后，罗辑思维自频道都进行了一次所展示书籍的卖书环节，在直播读书会上，这次读书会创造了极致而无缝的购书体验。而后台负责卖书环节的罗辑思维员工，还能通过实时的订单数据和网友进行互动，将内容到商业的变现做到了一种极致。

二、成功的主要因素

（一）罗胖的"魅力人格体"

在互联网时代，自媒体赢在魅力人格体。确实，互联网时代的观众更聪明，他们不相信一个主持人全知全能，崇高完美，而是希望从他身上找到更多的鲜活和真实性，包括性格上的小瑕疵、生活上的小怪癖等等，这让他们产生亲近感，好像看到身边一个绝不做作的朋友一样，并进一步产生情感上的依赖，喜欢上对方——一个有个性的自媒体节目主持人就这样得到了承认。

罗振宇从不故意迎合主流，有自己的思想、个性和价值观，不强求完美，也不去讨所有人的喜欢，只聚集价值观相似的人，很有趣，又有点自恋。例如：他经常在视频和语音中说到，"如果你不想听我说话，那就不要听，纯属自愿""文人的钱不是站着挣的，是跪着挣的"。这种定位被称为互联网魅力人格体。

（二）自由人的自由联合

最具有创新价值的，是它的观众整合定位，它通过微信把 500 多万人连接在一起，称为"自由人的自由联合"，并通过微信板块"会来事"，会员们自己建立的组织以福利的形式让有相同价值观的观众能够互相找到彼此，并可以随意合作，产生"想象不到"的价值。这是传统媒体在定位上从来没有考虑过的事情，是一个定位上的创新之举。

随着我国现代化进程的加剧，社会人群变得多元化和碎片化。罗辑思维的观众整合定位建立了一个平台，在这个平台上有相同价值观的人不仅能找到彼此，还可以做很多事情——交朋友，谈恋爱，结婚，创业，成为社群，等等。

三、罗辑思维的盈利模式

1. 上线优酷视频网站，加入 PGC 计划的广告分成，并接受粉丝打赏。2015 年 4 月 10 日显示 30 天会员收入，罗辑思维有 23.7 万元。

2. 收会员费。罗辑思维的会员虽然没有什么实质内容，但观众为了这个节目所带来的体验愿意付出心理上可以承受的价格，也有的观众愿意为了融入一个社群或者一个平台而付出合理的代价，被罗振宇称为：喜欢就"供养"。

3. 罗辑思维定制书籍和文具。罗辑思维每期都会推荐很多好书，有的书已经绝版，所以，罗辑思维和书作者合作推出罗辑思维定制版。

4. 罗辑思维节目本身推出书籍和文章。到目前为止，已经推出《罗辑思维1》和《罗辑思维2》两本。另外还有精美实用的《日课》春夏秋冬四本，其实就是民国老课本和日历、笔记本的集合，高价售卖，并在微信上每天示范使用，也成为很多罗辑思维会员的抢手货。

5. 借助微信平台，促销商品。罗振宇认为这是在做一场互联网销售传统产品的实验，最典型的例子就是：2014 年 7 月，罗辑思维进行了月饼销售活动，用户既可以自己掏钱买，也可以找别人帮他买，"可以测试真爱"，一盒 199 元，最后完成订单数 20271 笔，总销量 23214 盒。

6. 罗振宇及其团队各种授课门票收入。随着罗辑思维节目知名度的提高，罗辑思维团队的商业思维和商业运营模式都成为创业者们关注的焦点，被邀请到各地授课也成为他们一项重要的经济收入。

四、启示：罗辑思维中的互联网思维

单点突破。它没有与传统的电视节目抢占市场，而是捡起了被忽视的看似市场不大的一个点，在这一个点上大做文章。罗辑思维内容紧密结合对整个时代的思索，思维常常出新，让观众有眼前一亮的感觉。

用人格思维凝结社群。在互联网时代，连接的成本迅速降低，每个人都可以成为一个具有高连接力的节点，价值将越来越快地回归到个人。在很多创新领域，魅力人格都将战胜庞大的传统组织。工业社会用物来连接大家，互联网社会要用人来连接大家。创新就必须要从物化的、外在的东西，重新变回到人的层面进行思维。因此，罗辑思维一直强调 U 盘化生存，"自带信息，不带系统，随时插拔，自由协作"。未来大家可以用自己的人格、自己的禀赋，为自己创造价值。

【思考研究题】

1. 罗辑思维的卖点是什么？
2. 罗振宇成功的故事给我们什么启示？
3. 你能策划一次利用微信平台经商的活动吗？

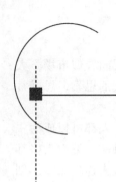

案例三：游戏主播

一、游戏主播

1. 游戏主播大概分为：职业选手、已退役职业选手、视频解说、草根大神。当然还有：小主播（名气不高，操作不到位）。

2. 能够成为主流游戏主播，需要有两种必备技能：打着一手好游戏的同时说着一口好相声。

事实上，主流主播的收入不止千万元，平台签约就千万元，还有粉丝送的平台礼物，加上淘宝的流水。一年 2000 万～4000 万元不止。20 岁左右，基本成名，哪怕 25岁、26 岁退役，身上基本几千万元。平台为了上市一直在烧钱，也使得主播签约价格变得如此高昂。

游戏直播行业排名前 25 名

编号	主播昵称	直播游戏	类别	当前预估价格（万/年）
1	若风	LOL	职业选手	2000
2	Miss	LOL	视频解说	1700
3	white	LOL	职业选手	1500
4	小智	LOL	视频解说	1500
5	董小飒	LOL	草根大神	1500
6	dopa	LOL	草根大神	1500
7	小苍	LOL	职业解说	1200
8	JY	LOL	视频解说	1000
9	草莓	LOL	职业选手	1000
10	微笑	LOL	职业选手	1000
11	PDD	LOL	职业选手	1000
12	Burning	DOTA2	职业选手	1000

编号	主播昵称	直播游戏	类别	当前预估价格（万/年）
13	Pis	DOTA2	职业选手	1000
14	YYF	DOTA2	职业选手	1000
15	zhou	DOTA2	职业选手	900
16	Longdd	DOTA2	职业选手	900
17	西门	LOL	草根大神	800
18	2009	DOTA2	职业选手	800
19	洞庭湖	LOL	草根大神	700
20	霸哥	LOL	草根大神	500
21	solofeng	LOL	草根大神	500
22	誓约	LOL	草根大神	500
23	赏金	LOL	草根大神	500
24	卡尔	LOL	草根大神	400
25	皮小秀	LOL	职业选手	300

举两个例子来说。（1）英雄联盟解说 miss，全名韩懿莹，魔兽争霸3职业女选手、星际争霸2职业女选手、LOL解说，现任游戏风云游戏竞技频道主持人。数据显示，Miss视频数量累计达到400部，节目时长1000小时，视频播放次数超过5亿次。（2）Dopa：是韩服路人王，YY90888主播，操作细腻，常年在韩服排名第一，被公认为韩服最强的英雄联盟玩家之一。

二、大主播时代

2014年，著名游戏直播网站Twitch被亚马逊以近10亿美元的天价收购，其估值惊醒了无数的投资者。随后，国内的游戏直播行业开始以星火燎原之势迅速扩张。截至目前，欢聚时代、红杉、软银等资本均已入场或布局游戏直播领域。

（一）斗鱼TV

斗鱼TV是一家弹幕式直播分享网站，是国内直播分享网站中的一员。斗鱼TV的前身为ACFUN生放送直播，于2014年1月1日起正式更名为斗鱼TV。斗鱼TV以游戏直播为主，涵盖了体育、综艺、娱乐等多种直播内容。

斗鱼虚拟货币。（1）斗鱼鱼丸可以由用户任务免费获得，或者在充值、游戏等特别活动中得到，用来送给斗鱼主播，斗鱼官方会对鱼丸结算作为主播工资，1000个鱼丸等于1元人民币。（2）折叠斗鱼鱼翅。鱼翅是斗鱼TV新增的道具，观众可以用来赠送给主播，开启酬勤任务，激励主播多开直播。主播获得的鱼翅可以在个人中心兑换奖励，目前斗鱼鱼翅充值1个需要1RMB。

斗鱼TV酬勤系统。用户可以用鱼翅来支持自己喜爱的主播。当主播完成酬勤任务之后可以获得用户投入的鱼翅回馈奖励，同时用户也可以获赠大量的鱼丸。

"互联网+"案例
"HULIANWANG+"ANLI

（二）战旗 TV

战旗 TV 是由浙报传媒打造、杭州边锋网络技术有限公司旗下直属的一家弹幕式直播分享网站，成立于 2014 年 1 月 20 日，以游戏直播为主体，涵盖综艺、娱乐、体育等多个直播类目。战旗 TV 高清游戏直播平台，主播中不乏前职业选手。

三、平台盈利方式

游戏直播平台就是以游戏为载体的垂直网络视频站点。其与传统视频网站最大的不同，是游戏直播平台要靠游戏主播的节目或者名气来吸引用户。用户在平台的虚拟道具付费，也取决于主播对游戏解说的水平，甚至女性主播自身的吸引力。国内游戏直播平台的商业模式，还包括游戏联运、品牌广告，会员内容订阅的功能服务，以及电子商务和竞猜等粉丝经济变现的外延。各直播平台根据自身优势，选择自己的主流盈利模式。依靠原 YY 直播的人气和完善的运作机制，通过粉丝送礼物等分成模式实现盈利。

不同直播的商业规模如下图。

商业模式	说明	赛事直播	节目直播	个人直播
增值服务	虚拟道具购买、打赏为主，类似于秀场中的增值服务内容			√
游戏联运	和游戏厂家进行游戏联运，在观看游戏直播的同时可以点击进入联动游戏，移动端更可能成为游戏分发渠道		√	√
广告	以品牌广告为核心，类似于在线视频服务商的商业模式，主要通过 CPM 等主流的售卖方式进行	√	√	
会员订阅	支付一定费用成为会员（包年/包月），提供消除广告、观看付费内容、订阅频道等服务		√	√
电子商务	利用个人品牌影响力，对粉丝的购买意向进行引导，将游戏直播用户转化为电商店铺用户			√
赛事竞猜	用户在观看比赛的同时，对赛事进行投注，类似于体彩	√		

四、游戏直播对经济的影响：

中国电子竞技行业衍生了经纪人、经纪公司、独立工作室、游戏电商平台等。

电子竞技是生于市场经济，长于市场经济，受市场的自由价格机制调控，需求越大，利润空间越大，而按照目前来看，其关注量正在增长。直播平台都在抢先占领市场。

现阶段的游戏直播行业，平台是最主要、也最成熟的盈利模式。但这还仅限于依靠主播的增值服务，由用户观看主播演出时购买虚拟道具。尽管直播平台还有联运、广告等商业模式，但这些还处于探索阶段，成熟度远不如增值服务（在提供基本服务的基础上，满足更多的顾客期望，为客户提供更多的利益和不同于其他企业的优质服务）。

除了游戏直播，还有赛事直播、演唱会直播、美食直播等。尤其是主流赛事的战略合作，扶持新赛事以及培养草根红人全平台资源的策略，无疑会在直播行业攻占更大的市场。

【思考研究题】

1. 如何评估直播行业的发展前景？
2. 如何认识直播的经济效益与社会效益？
3. 如何认识直播主角出位博眼球现象？

互联网+旅游篇

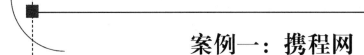

案例一：携程网

携程网——纳斯达克上市公司（http：//www. ctrip. com），代码为 CTRP。其主营业务为在线票务，秉持"以客户为中心"的原则，创立于 1999 年，总部设在中国上海。携程网拥有国内外六十余万家会员酒店可供预订，是中国领先的酒店预订服务中心。

一、携程网简介

2003 年 12 月，携程网在美国纳斯达克成功上市。携程网成功整合了高科技产业与传统旅游行业，携程网已在北京、广州、深圳、成都、杭州、厦门、青岛、沈阳、南京、武汉、南通、三亚等 17 个城市设立分公司，员工超过 25000 人，向超过 9000 万会员提供集酒店预订、机票预订、度假预订、商旅管理、特惠商户及旅游资讯在内的全方位旅行服务。

二、公司发展历程

（一）孕育探索阶段

从 1999 年创立到 2003 年底海外上市这段时期，由于我国互联网市场尚在起步阶段，国内资本市场发展程度有限，对互联网投资处于观望状态，融资方式，工具有待完善和丰富，中小企业融资尤其是刚刚建立的小企业融资限制多，门槛高。这样，我国的中小企业迫切的股权融资及再融资需求就难以得到满足。在这种背景下，中小企业自然把目光转向了境外资本市场，尤其是以支持高科技企业发展为主的境外创业板市场。携程的创始人长期在海外，熟悉在国际资本市场投融资的体制和规则，这一时期，携程的管理团队凭借超强执行力，善于利用私募股权投资，借助资本的力量快速完成产业的扩张，实现了盈利和规模的快速增长，为上市做好了准备。

1. 创建携程

1999 年 4 月，创始人梁建章、沈南鹏、范敏、季琦四人成立携程香港公司，注册资本约 200 万元人民币，公司的股权结构完全以出资的比例而定。携程香港公司成立后，以股权转让形式 100%，控股携程上海公司。1999 年 10 月，在携程网还没有正式推出网站的情况下，基于携程的商业模式和创业团队的价值，IDG 凭借携程一份仅 10 页的商业计划书向其投资了 50 万美元作为种子基金。作为对价，IDG 获得了携程 20% 多的股份。

携程网获得了初期启动资金。

2. 搭建集团建构

2000年3月，携程国际在开曼群岛成立。以软银牵头，IDG、兰馨亚洲、Ecity、上海实业五家投资机构与携程签署了股份认购协议。携程以每股1.0417美元的价格，发售432万股"A类可转可赎回优先股"。本次融资共募得约450万美元。携程利用这笔资金并购北京现代运通，进入宾馆预订业务，成为其第一个利润中心。随后，携程国际通过换股100%控股携程香港。这样，携程的集团架构完成，为携程以红筹模式登陆外证券市场扫平了道路。

3. 提高认可度

2000年11月，凯雷等风险投资机构与携程签署了股份认购协议，以每股1.5667美元的价格，认购了携程约719万股"B类可转可赎回优先股"。其中凯雷认购约510万股，投资额约达800万美元，取得约25%的股权，其他风险投资增持。至此，携程完成了第三次融资，获得了超过1000万美元的投资。随后携程并购北京海岸航空服务公司，进入机票预订业务。2003年9月，携程的经营规模和赢利水平已经达到上市水平，此时取得了携程从老虎基金获得了上市前最后一轮1000万美元的投资，这笔投资全部用于原有股东套现退出。对于准备在美国上市的携程来说，能在上市之前获得重量级的美国风险投资机构或者战略投资者的投资，对于提升公司在国际投资者的认可度有着非常大的帮助。

（二）纳斯达克上市

2003年12月9日晚11时45分，（美国东部纽约时间12月9日上午10时45分），在美林证券的帮助下，携程国际（股票代码：CTRP）以美国存托股份（ADS）形式在美国纳斯达克股票交易所（NASDAQ）正式挂牌交易。本次携程共发行420万股ADS，发行价为每股18美元，其中270万股为新发股份，募集资金归携程；150万股为原股东减持套现，募集资金归原股东。扣除承销等各项费用，携程得款4520万美元，占IPO总额的60%；原股东得款251万美元。IPO后，携程总股本3040万股，市值约5.5亿美元。上市当天，携程以24.01美元开盘，最高冲至37.35美元，最终以33.94美元的价格结束全天的交易，收盘价相对发行价上涨88.56%，一举成为美国资本市场2000年10月以来首日表现最好的IPO。至此，风险资本完成了增值目的全部退出。

（三）探索变革阶段

2003年之后的这一时期我国电子商务旅游迅速发展，在线预订大幅上升，越来越多的人依托先进的信息技术和发达的网络来安排自己的出行。携程仍以公开市场上进行的股权融资和债权融资为主，主要目的是扩张规模，提升市场份额。携程在此阶段开始进一步扩张，收购并购中小企业的步伐加快，在业务多点开花的同时，由于自身战略定位变得越来越重，包含酒店、机票、度假、美食、商旅等，并建设超大型呼叫中心，投资线下酒店和旅行社。

为了应对行业之间价格战以及进行产业链业务投资并购。2013年10月10日，携程宣布，计划根据市场情况发行总价值最多5亿美元2018年到期的可转换高级债券。受益于交易启动后强劲的投资者需求，最终发行规模由 5 亿美元提高至 8 亿美元。此次发行由摩根大通作为独家账簿管理人牵头执行。此次发行是 2013 年亚太地区规模最大的可转债发行。

为继续扩大产业链，携程网同意 Priceline 集团以可转债形式投资，获得携程同意在未来一年内可通过公开市场购买其股票。双方现有的商业合作起始于 2012 年，此次全球伙伴关系是对现有合作的进一步深化。此次世界最大在线旅游集团与中国最大旅游集团的强强联手将极大地推动中国的出入境旅行业务。Priceline 将自此向携程的客户开放其在大中华区以外的全球超过 50 万家酒店资源；同样，携程在大中华区的超过 10 万家酒店资源也将对 Priceline 的客户开放。随着在线旅游进入融资旺季，携程网随后又接受 Priceline 集团 3 亿美元增持。携程网向美国证券交易委员会提交了 SC – 13D 文件的增补信息，文件中披露，Priceline 在 10 月 10 日至 10 月 17 日间斥资 3 亿美元，在公开市场购入约 300 万股携程美国存托股。这意味着，自 8 月份以来，Priceline 累计投资携程近 10 亿美元，持股比例增至 7.9%。并实现了由 OTA（在线旅行商）向 MTA（移动旅游服务商）转型。

三、企业优势

1. 文化与规模优势

携程网一直秉持"以客户为中心"的原则，通过团队间紧密无缝的合作，以一丝不苟的敬业精神、真实诚信的合作理念，创造"多赢"伙伴式合作体系，从而共同创造最大价值。逐渐形成行业第一的企业。携程网与国内外超过 5000 建立了长期稳定的合作关系。提供了覆盖国际国内绝大多数航线的机票预订网络。规模化的运营不仅可以为会员提供更多优质的旅行选择，还保障了服务的标准化，进而确保服务质量，并降低运营成本。

2. 管理体系与技术优势

携程将服务过程分割成多个环节，以细化的指标控制不同环节，并建立起一套测评体系。同时，携程在国内旅游业种率先采用了制造业的质量管理方法——六西格玛体系。目前，携程各项服务指标均已接近国际领先水平，服务质量和客户满意度也随之大幅提升。与此同时，携程建立了一整套现代化服务系统，包括：客户管理系统、质量管理系统、呼叫排队系统、订单处理系统、E – Booking 机票预订系统、服务质量监控系统等。依靠这些先进的服务和管理系统，携程为会员提供更加便捷和高效的服务。

3. 良好的用户体验

携程网倡导服务企业从 1.0 模式上升到 2.0 模式。所谓的服务 2.0 有三个性，包括交互性、工具性、体验性。从交互性来说，携程网首创了全球的酒店的点评功能，实现了酒店会员以及网上三方的有效互动。工具性方面，现在中国电信也转型，不光可以查号码，还可以订酒店、机票。最后还有一个体验性。携程网在全国各大机场设有度假体验中心，候机的乘客可以在度假体验中心中享受网上的体验，察看资讯，预定机票。提供了丰富的预订和支付方式。携程网不仅提供了网络预定系统，还成功建立了中国旅行

界第一大的"Callcenter"呼叫中心，中心具有 90 个席位，预订服务员 107 名。携程的呼叫中心采用最先进的第三代呼叫核心技术 CTI（计算机电话综合运用），大大提高了工作效率，日接电话最高可达 45000 只，是国内旅行界技术最先进、规模最大的呼叫中心。支付方式方面，携程网可以接收不同的信用卡、借记卡、支付宝等多种的支付方式。

四、携程网未来的挑战：客户投诉带来的舆论危机

过去的成功只代表过去的成绩，不代表未来也会成功。如果骄傲自满，过去的成功恰恰是失败的开始。携程网、去哪儿网等 OTA 公司因为客户投诉问题闹得满城风雨。

自从 2015 年 12 月 31 日以来，南方航空、海南航空等率先宣布暂停与去哪儿网合作，坏消息又接踵而至：2016 年的第一个工作日，国际航空、东方航空等公司宣布关闭"去哪儿"旗舰店；接下来的几天，海航集团旗下天津航空、祥鹏航空、福州航空、北部湾航空也先后发布类似声明；2016 年 1 月 8 日，深圳航空成为第十二个"封杀"去哪儿网的航企。国内大型航空公司基本上都与去哪儿网划清了界限，暂停合作的原因也基本一致：客户在去哪儿网订机票的投诉情况较多，给航空公司带来了不好的信誉。假机票问题反映了 OTA 市场的痛点。

这个问题难以解决。阿里巴巴等互联网平台，也被假货问题所困扰。

【思考研究题】

1. 携程网创始人抓住了哪些机会？创业团队有什么特点？
2. 利用波特的五力模型，分析一下携程网的未来竞争态势。
3. 携程网发展过程中抓住了哪些机会？有哪些经验？

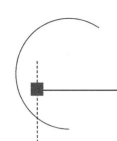

案例二：驴妈妈

一、公司简介

驴妈妈（http：//www. lvmama. com ）总部位于中国上海，在职人员两千余人。于 2008 年由洪清华创立，以"一个人一张票，也能享受优惠"为使命。驴妈妈是中国领先的旅游产业 O2O 一站式服务生态圈企业，已连续四年入选"中国旅游集团20强"，被认定为"国家高新技术企业"。在景区门票、周边游、目的地自由行等领域处于行业领先地位，在在线门票预订领域，规模更是排名行业首位（据艾瑞咨询 2016 年 7 月公布数据）。公司的主营业务包括线上和线下两大板块，其中线上业务以旅游产品在线销售为主，拥有门票、目的地游、国内游、出境游、机票、火车票及商旅综合在内的多种业务；线下业务主要包括旅游规划、旅游营销及景区投资与运营。驴妈妈旅游网是中国自助游领军品牌，也是景区门票在线预订开创者。

驴妈妈旅游网创立于 2008 年，是中国知名综合性旅游网站、自助游领军品牌、中国景区门票在线预订模式的开创者，提供景区门票、度假酒店、周边游、国内游、出境游、大交通、商旅定制游等预订服务。在景区门票、周边游、邮轮等品类处于行业领先地位。

二、公司发展历程

2008 年，驴妈妈网站注册成立。2007 年底，一次偶然的机会，洪清华遇见了旅游电子商务的领军人物——携程旅行网 CEO 范敏。在知名天使投资人、《东方企业家》发行人杨振宇的引荐下，洪清华与范敏在上海银河宾馆唐宫的一间包房内初见。当时的携程在国内酒店、机票网上预订市场早已独占鳌头，但身为携程 CEO 的范敏亦希望延伸自助游客的业务，却一直苦于缺少景区方面的资源，双方一拍即合，范敏就这样投资了驴妈妈。获得范敏的注资后，洪清华如虎添翼。

2009 年，驴妈妈完成数千万元的 A 轮融资。

2010 年，驴妈妈获得红杉资本和鼎晖创投的 B 轮亿元注资。

2011 年，驴妈妈完成 C 轮融资，投资方为江南资本与红杉资本。

2012 年，驴妈妈推出的"第二届驴妈妈国际旅游节"、"玩美情旅"、"长三角户外大露营"等九大品牌合作活动，打响了活出风景"的品牌主张，这些活动为驴妈妈实现与景区、酒店的品牌战略合作奠定了坚实的基础。2012 年，驴妈妈通过换股方式成功并购了上海兴旅国际旅行社有限公司，并将其更名为驴妈妈兴旅国际旅行社。开拓了出境旅游业务。

2014 年 10 月 15 日，驴妈妈 D 轮融资 3 亿元。

2014 年 12 月 2 日途牛旅游网和驴妈妈旅游网宣布全面达成战略合作关系，双方将在各自优势领域，即途牛网的出境游和驴妈妈的门票、周边自驾游展开深度合作。

三、公司经营思想

1. 差异化的内涵：自助游

驴妈妈的定位是要创立中国最好的自助游服务商。在此之前，中国没有规模化的自助游服务商。当时在线旅游市场的主要商业模式有"机票加酒店"的商务旅行模式如"携程旅行网"，或者是垂直类搜索引擎如"去哪儿"，基本上没有为自助游服务的模式。

做自助游该从哪里入手呢？中国有一万多家景区，首先从景区入手。景区门票昂贵，对散客也没有任何优惠。所以当时洪清华就打破景区的门票价格壁垒，并给景区带来更多的综合利益。因为散客不是一次消费，他们除了买打折门票，还要吃饭、住宿，购买旅游纪念品，因此自且游可以逐渐建立一个有利于景区和游客的良性循环。

同质化的产品打起了价格战。价格战的重灾区现在是机票，酒店，和同质化的度假产品。携程、艺龙、途牛、同程和芒果等都参与了价格大战，但驴妈妈没有参与，而是坚持自己的特色：联合上下游，推出特惠门票，推广景区度假酒店。自由行产品也有自己的特色，比如"开心驴行"，就是完全自由行。打包的自由行产品包括门票加度假酒店和特殊旅游服务，这是其他网站没有的，这就是差异化。在跟团游里面也有差异化，比如不安排标餐，不安排购物等，这种微创新就是差异化。另外，驴妈妈推出各种主题游活动，比如"十全十美温泉游"、"随时随地微旅游"、"新概念出国旅游"等等，这种形式各异的主题游活动就是区别于其他网站的有特色的差异化产品。

个性化导游服务是驴妈妈增加的重点之一。很多游客希望找个人导游，根据自己的行程陪同服务。驴妈妈将收集旅游目的地导游的资料，放在网站上明码标价，比如一天服务费 300～500 元，游客自己选择某位导游，服务结束满意后付款。就像支付宝那样，游客先付钱给驴妈妈网站，游客满意后网站再付给导游。

建设以自助游为核心的旅游电子商务社区。第一步，如果顾客想出去旅游，他可以查一下驴友写的旅游攻略。第二步，顾客可能希望订购一些很好的旅游产品，包括酒店或门票。第三步，在旅行途中，如果顾客需要租车、雇用导游，或者品尝当地特色餐饮，公司也会参与其中，提供很好的平台和服务。所以，驴妈妈是在做一个自助游的大超市。

2. 自助游战略是可持续的

在 2008 年，洪清华预测整个旅游市场的趋势，一是休闲度假、自助游日渐增多，二是游客的需求越来越个性化、特色化。国家旅游局发布报告称，2011 年所有的旅游人次里面，跟团游是 6.3% ，自助游达到 93.7% 。

3. 驴妈妈是洪清华旅游领域的第三次创业

洪清华前两次创业都和旅游业有关，是给景区做规划设计、咨询、营销，以及运营管理。因此对于景区非常了解，也积累了很多资源。驴妈妈的背后是景域集团，集团下有几个子公司。第一家是 2004 年在上海创办的奇创旅游规划咨询公司，给景区做规划设计；第二家景域旅游发展公司，做景区运营管理。第三家是景域旅游营销服务公司，做景区营销，策划和执行。因此驴妈妈的背后是旅游行业中提供 B2B 服务的有竞争力的公司在支撑它，所以整个景域集团的模式是 B2B2C。景域集团一边在为景区服务，一边在为游客服务。在这些创业的过程中，建立、培养和积累了人才团队，这对驴妈妈来说非常关键。

4. 洪清华的角色变换

洪清华在驴妈妈成立之初参与具体运营。但是在公司不同的阶段，作为创始人、董事长担任不同的角色。当公司有 100 人的时候，洪清华是前锋，要带领大家去进球，别人也可以看到，噢，原来是这么进球的。当公司有 300 人的时候，洪清华是中锋，我要分球给大家。当团队有 500 人的时候，洪清华是后卫，要守住自家球门，并且不断创新，不断见证变化。当前，洪清华在驴妈妈只做五件事，一是制定景域集团和驴妈妈的发展战略。二是感受使用者体验，所有的投诉我都会及时看到。三是整合各种资源。景域集团是一条互哺的产业链。四是选人和用人，五是公司愿景和企业文化建设。

四、公司优势

（一）低价门票

驴妈妈力图以景区票务分销和景区目的地营销为核心业务，打造大型旅游电子商务平台。驴妈妈在开拓景区票务业务时，并不像其他企业那样，按部就班谈"返佣"，而是实行双轨并行的战略：双方的合作并不局限于票务分销，往往还包括旅游目的地的规划咨询、管理推广等，帮景区实现一站式的整合营销。这种合作模式是一个双赢的合作模式。驴妈妈网站借助优惠的价格吸引广大的网友，达到网站访问量不断增加，盈利不断上涨的目的。对景区来说，尽管牺牲了部分景区售票的利润，但是借助驴妈妈可以大大节约营销成本，增加分销渠道，合理分配淡旺季客流，这样看来少掉的那部分利润就不足称道了。另一方面，客流的增大也有助于景区提高酒店、饮食，娱乐等消费增量。实现景区盈利能力的全面提升，或许才是驴妈妈分销模式的根本目的所在，也是其赖以持续增长的内在动力。

（二）旅游社区

驴妈妈旅游社区是目前国内最丰富的旅游目的地信息提供平台、国内人气最旺的旅游社区。驴妈妈做到同时更新各大合作景点的最新动态，以及积了超过 65 万条网友点评的旅行参考，吸引了大量潜在消费者的关注。这样大的一笔财富，促使更多景区愿与之合作。

（三）合作领域广，资源丰富

驴妈妈和各种政府，票务中心，旅游集团，景区，甚至于一些相关杂志都有合作，互相提供营销咨询、营销规划、营销运作、营销投放等服务，同时扩大了分销渠道。驴妈妈几乎覆盖了中国大部分的旅游景区，并且与之合作，互惠互利。这些互补资源的整合，为驴妈妈提供了核心竞争力。

【思考研究题】

1. 驴妈妈是如何定位的？定位科学吗？

2. 比较驴妈妈与途牛网的业务板块？

3. 说一说创业者洪清华随着企业发展，是如何转换自己的角色的？为什么？

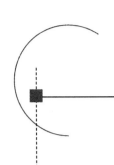

案例三：途牛网

旅行社在携程网等 OTA 的竞争下，压力日益增加。旅行社如何改进原有的服务，提升客户体验，简化预订手续，提升运营效率，自然而然地与互联网、呼叫中心新技术联合起来。由于旅行社自身规模有限，途牛网的这样的平台就造就了途牛网成为旅社群体的重要合作对象。

一、途牛网简介

途牛网——纳斯达克上市公司，代码 TOUR，总部位于中国南京，在职人员千余人，是继携程、艺龙、去哪儿之后第四家上市的 OTA（Online Travel Agent）公司。途牛网是南京途牛科技有限公司旗下的网站。南京途牛科技有限公司全资拥有南京途牛旅行社、上海途牛旅行社、北京途牛国际旅行社、杭州途牛旅行社、南京途牛旅行社、南京途牛旅行社苏州分公司等。途牛旅游网通过采集筛选整合旅游行业资源（旅行社、航空、酒店、门票等），为旅游者提供一站式预订，一对一管家式服务。途牛线路全面，价格透明，全年 365 天 400 电话预订，并提供丰富的后续服务和保障。

2006 年 10 月，于敦德和严海锋在南京创立途牛网，以"让旅游更简单"为使命。面向全国提供在线旅游预订服务的 B2C 电子商务网站。为消费者提供由北京、上海、广州、深圳、南京等多个城市出发的旅游产品预订服务。途牛利用互联网优势，整合旅游产业链，通过呼叫中心与业务运营系统服务客户。

途牛网的核心价值观是："我们的价值取决于客户的满意程度，客户的满意程度取决于每一位员工的成长"。为了实现较好的客户满意度，途牛网做了两类事情，一是旅游线路的搜索与挖掘，如自助游、跟团游、公司旅游等旅游线路，明示旅游线路价格。从该网站布局上来看，重要的部分都是旅游线路和价格，不论是牛人专线，还是牛人跟团、牛人自助旅游，都是前面是旅游标题，旅游热点，后面就是价格。二是相关主体之间的互动，驴友之间、驴友和旅游公司之间都有良性互动。

二、公司发展历程

（一）初笔投资

途牛网起家的时候，资金不到100万元。随着严海锋的朋友的投资和于敦德的朋友的投资加入，途牛网有了初步的发展，但营运资金始终不是很富裕。2007年，在途牛成立8个月的时候，严海锋和多家VC的接触有了结果。戈壁投资进来的这笔资金让两人有"足够的余粮"向盈利靠拢。

（二）途牛网大事记

2009年1月，与扬子晚报达成战略合作伙伴关系。

2009年3月，宣布完成数百万美元的A轮融资。

2009年3月，公司旅游产品线上线。

2009年4月，与DMG战略合作，开始在北京、上海、南京的地铁投放视频广告。

2009年10月，度假酒店产品线上线

2009年11月，开始在楼宇视频媒体投放广告。

2009年11月，成功获选2009红鲱鱼（Red Herring）亚洲科技创新公司100强企业。

2010年1月，途牛网全面启动"7×24小时全天候服务"。

2010年2月，途牛网荣登2009电子商务风云榜。

2010年5月，途牛网荣获"企业信用评价AAA级信用企业"称号。

2010年5月，途牛网天津分公司5月4日隆重开业。

2010年6月，途牛网正式启用全新旅游预订电话。

2011年4月，途牛网完成C轮约5000万美元融资。

2011年9月，途牛旅游网与建设银行联合推出首张纯旅游类银行联名卡—途牛旅游龙卡。

2011年11月，途牛网推出全新的iPhone、Android途牛手机客户端。

2011年12月，途牛网荣获"最佳在线旅游度假产品预订网站"称号。

2014年12月，途牛旅游网宣布与弘毅投资、京东商城、携程旗下子公司"携程投资"、途牛首席执行官及首席运营官签订股权认购协议。根据协议，途牛将向上述投资者出售1.48亿美元的新发行股份。

2015年5月，中国领先的在线休闲旅游公司途牛网、中国最大的在线自营电商京东集团联合宣布，途牛与京东等投资者签订了协议，途牛将获得总计5亿美元的投资。几方将携手合作，致力于为中国消费者提供优质的在线休闲旅游服务。

2015年10月，途牛成立途牛影视传媒有限公司，以旅游节目的形式配合主业发展。

三、途牛网的旅游产品

1. 跟团游。包括周边短线游、国内长线、出境游，行程透明、质量可靠。

2. 自助游。海南、港澳、三亚、丽江、九寨沟等既有国内外自助游套餐亦可单订某项产品或任意搭配组合，可以选择"机票＋酒店"、"机票＋酒店＋接机"和"机票＋酒店＋门票"等自助游的产品。这些产品主要是以打包的形式售卖，价格可以会比用户自己单订便宜一些。

3. 自驾游。通过全球中文景点目录，给客户提供详尽的目的地信息，并帮助制订出游计划。

4. 特色产品（公司旅游定制服务）。用户可以与途牛的旅行专家一起商讨他们想要旅行的时间、在某个城市的停留时间、旅游期间的活动安排等旅行过程中的各种要素，实现专属旅游需求。这项业务在 2013 年也为途牛贡献了 9% 的交易额。

5. 签证、景区门票、酒店预订（2013 年 11 月上线）等服务。

6. 参与批发商的旅游产品设计，以及包销产品。2013 年，途牛网马尔代夫的组团游人数已经占到了中国去马尔代夫旅行总人数的 10.9%。

组团游和自助游业务快速增长。2011 年时组团游业务占据 73% 的交易额，但因为自助游增速快于团队游，占比从 2011 年的 73% 降低到 2013 年的 63%。

（二）网站功能分析

1. 旅游产品信息详细，明码标价

途牛网通过网站，非常直观地将旅游产品，尤其是旅游线路罗列出来，无论是行程、价格还是订单数量，都清楚地在网站上进行标明，方便游客进行比较。

2. 售后客服提供客户回访信息，公开透明

为了实现"让旅游更简单"的目标，做了大量的创新，其中最重要的就是全面的开放客户回访的评价记录。通过比较不同线路的满意度，任何一个网站的浏览者都可以得到更加全面的参考信息。客户回访由专门的客服团队进行。客服团队负责如实地反馈客户的意见的建议，将反馈内容记录到系统中，网站自动更新到前台供其他用户参考。

每一个通过途牛网预订出游的客户归来后都会进行回访并记录。回访的内容主要包括四项：导游，用车，行程，住宿，每一项满分为三分，满意为三分，一般为两分，不满意为零分，通过将分数加总，然后除以总分 12 分，得到此游客对此行程的满意程度；然后将所有游客对于此行程的打分加和，除以总分，得到此线路的满意度。

表1　　　　　　　　旅游过程中的客户、途牛网、供应商关系

客户	电话或网络预订	确定出游日期	签约付款	出游准备	出游归来
途牛网	接单	需求确认	签约收款	出团通知	质量回访
供应商	确认位置	落实需求	需求确认	接待准备	配合回访

四、途牛网核心优势

（一）景点库

途牛网建立初期，于敦德带领人数不多的团队，花费半年时间建立了一个国内最全

面的景点库，涵盖4万多个景点。网友积极参与，景点库被一个个地完善起来。该景点库也是全球最大的中文景点库，这为产品的开发奠定了基础。

（二）特色产品

途牛网有两个特色产品，一个是路线图，一个是拼盘。

"路线图"是一个用来做游记的工具，可以让网友们按照天数把行程很直观地进行组织，途经的景点都可以利用景点库的资源选择出来，每天包含几个景点，一个行程包含几天，这样一个完整的游记就出来了。

"拼盘"是根据一个主题，把一些景点给组合出来，添加非常方便，只要把文章贴上，然后利用景点选择器选一下景点就可完成，例如"世界八大令人惊讶的岩石美景"、"国内旅游的十座顶级小城古镇"等等，不但可以看到文字，还可以看到景点库里丰富的图片，对用户有足够的吸引力。

其中特色产品有牛人专线和牛人跟团：（1）牛人专线是途牛网倾心打造的独家品牌，由资深旅游团队从众多旅游产品中挑选出来的性价比极高的精品线路，景点安排和服务标准都得到优化。透明行程，专属服务；（2）牛人跟团是途牛网推荐产品，整合当地优势资源，价格经济实惠、符合大众旅游需求，特点是：特色线路，充裕时间。

（三）优质服务

途牛网做了大量创新，客户回访是重要创新。通过其他客户对旅游产品的满意度及评价展示。客户只要登录途牛网就可以得到真实、全面的客户回访信息。为了更好地提高客户旅游体验，途牛网充分利用游客回访的意见和建议，在游客评价中寻找线路改进的方向。根据各条线路的满意度指标，途牛网不断改善和提高旅游产品质量，从而产生巨大的经济价值。途牛网多个产品同时呈现，力求让客户最简单、最方便地找到合适的路线；加强网络数据的实时更新，确保客户可以清楚看到所有旅游路线的订单数量、最新订单、热门订单、老客户评价等，以此为自己提供出行参考。同时针对目前旅游产品鱼龙混杂的情况，途牛网还制定了回访制度，对所有订单进行逐个回访，确保服务质量，所有的回访记录公开透明的显示在网站上，分5项内容根据客户的评价进行打分，并最终计算出每个产品的满意度，便于跟踪提升质量以及方便后续客户选择。据目前数据，客户的总体满意度达到了97%。

1. 产品丰富。精选出性价比高的优质线路，组成丰富的产品线，满足国内外出游需求。

2. 性价比高。同类产品更实惠，数百位专业的旅游顾问帮助筛选出市场上高性价比的旅游产品。

3. 省心便捷。点击鼠标或打个电话即可出行，专业的呼叫中心和资深旅行顾问为客户提供便捷贴心的服务。

4. 量身定制。专业旅游顾问团，丰富的产品线，满足客户量身定制的个性化需求。

5. 双重保障。售中、售后跟踪服务以及质检，旅途中出现任何质量问题，途牛网帮客户维权到底，使客户的权益得到切实保障。

五、途牛网的商业模式

（一）在线旅游代理（OTA）的赢利原理

像携程网、艺龙网以及途牛网这样的在线交易平台，他们的盈利模式主要是佣金收入。途牛网将国内众多的旅行社的旅游线路集中在一起分类管理，游客可以在途牛网访问、咨询和完成预定。当游客与旅行社签订合同时，途牛网可以获得合同金额3%～7%的佣金。由于途牛开发出各大旅行社没有开发出的旅游线路市场，所以在这一块获利比率相对较高。同时，海内外游轮票务销售、景点门票销售和酒店预订等也是其主要盈利来源之一。

下图是在旅游业线代理商与传统代理商关系图，OTA可以从航空公司、酒店、景区、舟车公司、演唱、导游等服务主体收取佣金，也可以直接从客户处获得回报。

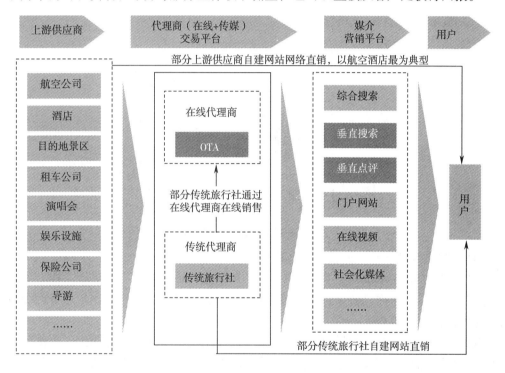

图1　旅游业在线代理商与传统代理商营销关系

（二）携程网与途牛网赢利模式比较

1. 携程网的赢利模式核算

根据多种同类产品的价格比较，携程网价格相对较高，途牛网价格相对较低。

携程网的营业收入为：佣金 C ＋ 广告费 AD，

P2≤P1，因为客户要获得价值，携程网出于竞争的需要。

净利润为：C ＋ AD －（I ＋ S ＋ P1 － P2）

携程网从酒店住宿中获得的收入占主营收入41%，从机票等获得的收入占主营收入

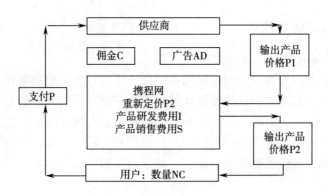

图2 携程网赢利模式原理

40%，其他占19%。

2. 去哪儿网的赢利模式核算

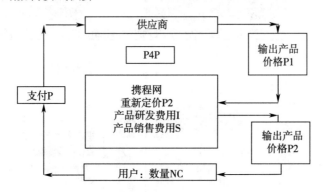

图3 去哪儿网赢利模式原理

P4P，2013年为去哪儿带来近九成营收。上图中，P2≤P1。

P4P是Pay for performance的简写，就像B2B是Business to business一样。翻译为"为效果而付费"，简称"效果付费"或市面上常说的"绩效付费"。P4P还有两个主要的表现形式：CPC和CPS。

CPC是Cost per click的简写，字面直译是"每点击一次收一次费用"，简称"点击收费"。网络上的广告收费大都采用该种模式，比如用户在上去哪儿网时，看到页面上的广告，如果置之不理，则这个广告无法给去哪儿网带来营收，如果用户点击了广告，则广告主体为去哪儿网支付CPC。

CPS是Cost per sell的简写，字面直译是"每卖出一次收一次费用"，简称"销售收费"。如果去哪儿网的用户为某种产品，客房或机票等支付了，产品的拥有者将支付给去哪儿网CPS。

净利润为：P4P − (I + S + P1 − P2)

去哪儿网的营收结构为：酒店住宿中获得的收入占主营收入41%，从机票等获得的收入占主营收入40%，其他占19%。

去哪儿网是垂直搜索电商，不同于携程网。

3. 途牛网的赢利模式核算

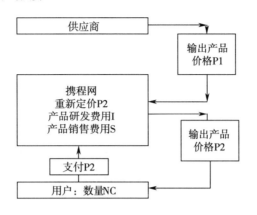

图 4　途牛网赢利模式原理

上图有两个特点：（1）用户与供应商之间的资金输送环节消失了（图中左侧灰色部分），途牛网不向供应商收取佣金；（2）增加了用户与途牛网之间的资金输送环节，即"支付 P2"。

此时，$P1 \leqslant P2$。即供应商输出产品的 P1 较低，途牛网视情况自行加价为 P2，卖给用户。P2 构成了途牛网营业收入的大部分，$P2 - P1$ 几乎是途牛网的毛利。

净利润：$P2 - P1 + AD - (I + S)$。

营收结构为：团游占 96%，自助占 2%，其他占 1%。

六、旅游网站总结：在线旅游市场的类型

（一）按照参与主体关系，可分为交易平台型（在线代理商）和营销平台（旅游垂直媒介）。

交易平台是以在线旅游产品预订为主，分为传统 OTA（在线旅游代理）（如携程、艺龙、芒果网）、新兴 OTA（如途牛、驴妈妈、悠哉旅游网）、网购平台旅游频道（如淘宝旅游频道、拍拍机票频道、京东商城机票频道）、电信运营商（如号码百事通、12580、联通 116114）和旅游 B2B 平台开拓 B2C 业务服务商（如同程网、汇通天下）。

营销平台以为在线旅游企业提供营销服务为主，分为垂直搜索（如去哪网、酷讯）和点评社区（如到到网、旅人网）。

（二）按照旅游产品的种类来划分，在线旅游市场可分为在线机票预订市场、在线酒店预订市场、在线度假产品预订市场。

先行者如携程网与艺龙网在渠道、产品资源等方面的优势为后来者的发展壮大建立了较为坚实的竞争壁垒。但是，它们致力于酒店机票的预订服务，对旅游线路（度假商品）的预定很少，这为途牛网的发展留下了空间。

（1）在线机票预订。旅游消费者通过在线旅游服务提供商的网站提交预订订单，提交成功后由消费者通过网上支付得到电子机票或者等机票送票上门后付费（包括 Call-

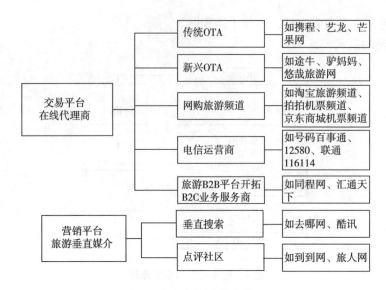

图5　途牛网赢利模式原理

Center 电话呼叫中心预订）。

（2）在线酒店预订。旅游消费者通过在线旅游服务提供商的网站提交预订订单，提交成功后由消费者通过网上支付的形式或者凭预订单号直接到预订的酒店前台付费（包括 CallCenter 电话呼叫中心预订）。

（3）在线度假产品预订。旅游消费者通过在线旅游服务提供商的网站提交预订订单，提交成功后由消费者凭预订订单号通过电子传真或直接到实体门市店处签订合同，然后通过网上支付或到实体门店支付费用（包括 CallCenter 电话呼叫中心预订）。

途牛网花费了半年的时间建立了全国最全面的景点库，又做了"线路图"和"拼盘"，为广大驴友提供了一个公共交换社区。同时，途牛将国内众多旅行社的旅游线路集中在一起并且分类管理，从而游客只需通过拜访途牛网就可以了解他们感兴趣的旅游线路，也可以向途牛网客服咨询，最后在途牛网完成预订。

【思考研究题】

1. 途牛网是如何定位的？核心优势有哪些？
2. 分析一下在线代理与传统旅游代理的关系？
3. 分析一下在线旅游市场的类型？
4. 比较一下携程网、途牛网、去哪儿网的赢利模式？

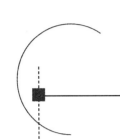

案例四：广义的互联网＋旅游

我们还要考虑旅游管理机关、旅游城市等推出的互联网＋旅游内容，我们称之为广义的互联网＋旅游。

一、广义的互联网＋旅游

互联网＋旅游是指旅游消费者、经营服务者、组织管理者等各方主体，通过互联网，应用大数据、云计算等技术和设备，进行旅游信息及时、高效的传输交流和开发利用，使得旅游消费更便利、更轻松。

（一）线上与线下的融合

由于存在地理距离、语言、时差、文化背景等客观因素，旅游消费者和旅游资源供应商之间连接较弱，存在明显的信息不对称现象，必须依赖第三方机构加强连接。在互联网化程度较低的情况下，消费者主要依赖传统旅行社提供预订、导游等服务，主要产品形式是跟团游，便捷性较高，而个性化较低；随着互联网发展和消费者自身旅游经验的增长，这种信息不对称被逐渐消解，消费者得以追求更具备个性化的旅游产品，同时能够保证便捷性，小规模出行、个性化定制成为度假旅游产品的发展趋势。很多互联网企业积极布局在线旅游，很多新兴企业也在大举进入。

自2015年起旅游产业线上与线下企业渗透与融合加剧，可以看到不少的互联网旅游企业加速落地，与此同时不少传统的旅行社巨头也在积极拥抱线上。而在线下方面，从目前总结来看，旅游产业线上线下加速融合可分为三种模式：线下资源＋线上平台；综合资源＋线上平台；线上渠道＋线下渠道。

1. OTA

OTA（Online Travel Agent）是指在线旅游社，是旅游电子商务行业的专业词语。代表为：携程网、去哪儿网、同程网、村游网、号码百事通、旅游百事通、驴妈妈旅游网、百酷网、8264、出游客旅游网、乐途旅游网、欣欣旅游网、芒果网、艺龙网、搜旅网、途牛旅游网和易游天下、快乐e行旅行网、驼羊旅游网等。

2. O2O

O2O 即 Online To Offline（在线离线/线上到线下），是指将线下的商务机会与互联网结合，让互联网成为线下交易的平台，这个概念最早来源于美国。O2O 的概念非常广

泛，既可涉及线上，又可涉及线下，可以通称为 O2O。2013 年，我国 O2O 进入高速发展阶段。

2015 年，去哪儿和携程"联姻"，上下游加速整合、抱团取暖，未来旅游企业线上线下的双向互动及融合将成为必然趋势。

（二）移动通信 + 旅游

2015 年，TripAdvisor 在全球范围内进行了移动化旅行者的调查。调查结果显示，在中国游客中，通过智能手机来规划行程、或者预订酒店的移动化旅行者占比最高，47%的旅行者用手机来预订，遥遥领先于其他国家。为此，2015 年 8 月，国务院印发的《关于进一步促进旅游投资和消费的若干意见》中，明确提出积极发展"互联网 + 旅游"，实施旅游消费促进计划，培育新的消费热点。

GoogleTravel 中国区及北亚总裁王奕："我们发现，3/4 的用户在做旅行计划的时候使用了搜索引擎，44% 的用户平均每个月内做一次有关旅游的搜索，在用户最终确定航班酒店之前，大概搜索了 17 次，访问了 11 个不同的网站，而平均每个网站会去 3 次，通常用户最终预定之前的 73 天就开始计划，70% 以上的用户在做最后酒店机票预定前会查看地图。"

"一场说走就走的旅行"正在改变传统旅游业。年轻人都在使用线上旅行社，甚至线上旅行社也行将过气，未来旅游业将被移动端①统治。

国家旅游局局长李金指出，自 2015 年起未来 5 年中国"旅游 + 互联网"有望创造"3 个 1 万亿红利"，成为新常态下扩大内需推动经济发展的新动能。

二、行政主导的互联网 + 旅游

（一）互联网 + 旅游的政策导向

2015 年年初，国家旅游局发布了"515 战略"，战略中提到，"要积极主动融入互联网时代，用信息技术武装中国旅游业"。2015 年 12 月 16 日，第二届世界互联网大会在浙江乌镇开幕，国家主席习近平提到，2014 年的首届世界互联网大会，推动了智慧旅游等的快速发展。2015 年两会，李克强总理在政府工作报告中提出，"制订'互联网 + 旅游'行动计划，推动移动互联网、云计算、大数据、物联网等与现代制造业结合，促进电子商务、工业互联网和互联网金融健康发展，引导互联网企业拓展国际市场。"

2015 年 8 月，国务院办公厅印发《关于进一步促进旅游投资和消费的若干意见》，要求积极发展"互联网 + 旅游"，积极推动在线旅游平台企业发展壮大，支持有条件的旅游企业进行互联网金融探索，放宽在线度假租赁、旅游网络购物、在线旅游租车平台等新业态的准入许可和经营许可制度，到 2020 年，全国 4A 级以上景区和智慧乡村旅游试点单位实现免费 Wifi（无线局域网）、智能导游、电子讲解、在线预订、信息推送等功能全覆盖，在全国打造 1 万家智慧景区和智慧旅游乡村。

---

① 移动互联网终端，就是通过无线技术上网接入互联网的终端设备，它的主要功能就是移动上网，因此对于各种网络的支持就十分重要。Wifi 自不用说，各种标准的 3G 网络支持也渐渐成为了标配。

2015 年 9 月 16 日，国家旅游局下发《关于实施"旅游＋互联网"行动计划的通知》（征求意见稿），提出了实施"旅游＋互联网"行动计划的行动要求，行动要求到 2020 年，旅游业各领域与互联网达到全面融合，互联网成为我国旅游业创新发展的主要动力和重要支撑；在线旅游投资占全国旅游直接投资的 15％，在线旅游消费支出占国民旅游消费支出的 20％。

（二）智慧旅游

智慧旅游，就是利用云计算、物联网等新技术，通过互联网/移动互联网，借助便携的终端上网设备，主动感知旅游资源、旅游经济、旅游活动、旅游者等方面的信息，及时发布，让人们能够及时了解这些信息，及时安排和调整工作与旅游计划，从而达到对各类旅游信息的智能感知、方便利用的效果。简单地说，就是游客与网络实时互动，提高效率与效益。

智慧旅游的建设与发展最终将体现在旅游管理、旅游服务和旅游营销的三个层面。18 个城市入选首批"国家智慧旅游试点城市"，这 18 个城市包括北京、武汉、福州、大连、厦门等。

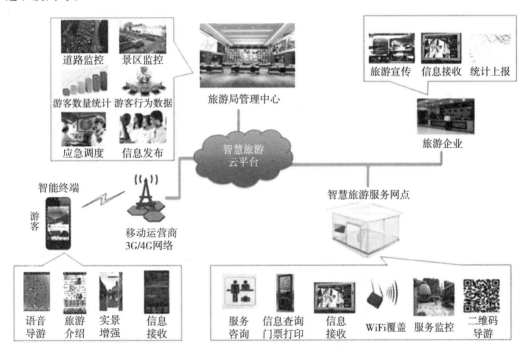

图 1　智慧旅游原理

2015 年五一期间，微信在云南城投旗下的曼听公园和傣族园两大精品景区推出"摇一摇票务"，游客只需要打开微信摇一摇即可接入智慧景区系统，使用微信支付购买门票后即可使用专用通道入园。

根据景区反馈，节假日期间景点的游客井喷早已稀松平常，庞大人流的结果往往是冗长的排队或无休止的堵车，对景点、工作人员和游客都形成了极大压力。"摇一摇票务"既不需要提前预约，也不需要二次排队换票，几乎消解了购票流程，且购票过程中一键关注景区微信，还能对游客准确后续引导。如此，既能提升景区的运营效率，又减轻景区人力投入压力，实现景区资源最大化利用。

（三）实例

从游客的旅游体验，到旅游企业的营销方式，再到政府部门的旅游管理，互联网的力量已经渗透在旅游的方方面面。如对游客动态进行监测，不仅可以提供景区流量的数据，引导游客分散旅游，还可以为景区提供客源结构数据，比如游客来自哪里，消费的情况怎么样等等。通过数据分析，我觉得能够为景区管理决策、市场营销决策提供很多科学依据。

2015 年 9 月，住房和城乡建设部首批选取了黄山、武夷山、武当山等十处国家级风景名胜区，启动了门票预约和游客容量监测试点的工作。在此基础之上，共同构建行业信息共享的发布平台，能够有效提升风景名胜区的游客调控与服务能力，缓解高峰期风景名胜区资源紧张的局面。

1. 秦皇岛智慧旅游

秦皇岛作为旅游型城市，将智慧旅游与智慧城市的建设进行整体规划，进行了有益的探索和实践。游客一到秦皇岛，就可以下载手机 APP，随时随地获取当地服务信息；政府可以根据对旅游人群的行为监测，进行科学规划和资源能力匹配；产业链相关的企业和商家，也可提高运营效率和盈利能力。

图 2　秦皇岛智慧旅游平台示意

2013 年，中兴帮助秦皇岛搭建智慧旅游平台，2014 年一期工程上线，2015 年 6 月份系统项目完成终验。方案总体设计分智慧之旅、智慧管理、智慧营销三部分，打造游客服务平台、综合监管平台及行业营销平台。其中，营销平台包括智慧旅游 B2B 分销体系，现已与 400 多家旅游分销商对接；B2C 直销体系，接入秦皇岛 156 家景区、农家乐、餐饮、休闲度假区；旅游 O2O 体系，现已与 60 多家景区、100 多家旅游企业完成系统业务接入。通过智慧旅游项目的实施，2015 年 1～4 月份，秦皇岛旅游人次同比上升

71%，旅游收入同比上升17%。

2. 龙门石窟智慧景区

2015年7月15日，"互联网＋龙门"智慧景区上线运营开启仪式在龙门石窟大石门广场举行。从7月10日起，腾讯网就对7月15日的"互联网＋龙门"上线运营进行了充分预告；7月15日，腾讯网、腾讯新闻客户端向全球直播仪式进程。

按照腾讯与龙门石窟的合作思路，双方将依托腾讯丰富的用户资源、成熟的云计算能力和微信、QQ等社交平台产品，充分整合双方的优势资源，把腾讯的互联网技术及资源与龙门石窟产业有机连接起来，以"互联网＋"解决方案为具体结合点，让"互联网＋"成为保护传承历史文化的新动力。

具体而言，"互联网＋龙门"智慧景区首期项目，具备互联网＋购票、互联网＋游园、互联网＋管理、互联网＋宣传四大功能板块，借助互联网手段，实现微信购票、微信入园、语音导游、在线客服等功能，通过便捷性、趣味性、互动性的改变，为游客带来从入园前到出园后的全流程智慧体验。

在互联网＋购票方面，游客可以通过手机实现自主购买电子票，方式包括在龙门石窟官方微信服务号内购票、景区入口购票墙扫码购票、在各类宣传广告等媒介上扫码购票等。这样，可以避免游客在高峰期排队购票之苦，快捷、方便，同时减轻了景区的售票压力，可以一举两得。

3. 锦江国际集团＋驴妈妈

2015年6月1日，景域集团董事长、驴妈妈创始人洪清华在给员工的内部邮件中透露，驴妈妈已获得锦江国际集团5亿元战略投资。锦江国际集团是中国规模最大的综合性旅游企业集团之一，列"中国500个最具价值品牌排行榜"第40位，投资和管理近1689家酒店，位列全球酒店集团第十、亚洲第一。驴妈妈与锦江国际集团牵手，向线下资源充分整合、挖掘，将借助其强大的地面资源和多年积累的资本运作能力，全面构筑海陆空立体作战体系。

锦江资本的注入将助力景域集团打造成中国最大的旅游O2O一站式产业链集团。驴妈妈旅游网是以自助游为核心的综合性OTA，也是中国电子门票预订模式的开创者。

4. 山东旅游局＋线上O2O会盟

2015年4月21日山东O2O泰山会盟网（O2O. sdta. cn）在泰山会盟仪式上正式开通。网站搭建了一个中国旅游业线上线下互动交流的信息服务平台，为旅游产业投资商、线上旅游产品运营商以及旅游企业提供了集O2O模式业务交流、信息发布、智力支持等服务功能于一体的服务网站。作为首次官方组织的会盟，一方面将会促进旅游业产权（管理经营权）与运营的高效融合。另一方面在旅游营销方面采取O2O模式，促进山东省的各类旅游企业（旅行社、景区、旅游饭店、度假区等）与国内外知名旅游企业合作，加速线上线下的营销和发展，促进山东旅游O2O的发展。

5. 天津旅游局＋阿里旅行去啊

2015年2月15日，天津市旅游局与阿里巴巴集团旗下"阿里旅行—去啊"在天津签署战略合作协议，双方一致同意将通过阿里旅行—去啊平台聚集天津线下优势旅游资源，开设天津旅游产品主题馆与旗舰店，启动天津旅游"O2O"模式。

6. 桂林市政府 + 百度直达号

2014 年 12 月 18 日桂林市政府联合百度，桂林市政府发布"@桂林旅游"直达号，把以前桂林零散商户资源整合成为一个地区性的大平台，用户可通过手机百度或移动搜索@桂林旅游，预订受多种服务。上线后的@桂林旅游直达号已整合热门景点、门票购买、热门线路、桂林美食、酒店住宿、本地特产、桂林动态等信息。

7. 小结：旅游全流程的互联网操作

（1）酒店：手机艺龙预定（如到青岛，提前两周，在线预定到店支付，在线预定可返红包 70 元），携程、去哪儿网等也可以。

（2）吃：团购（美团、百度糯米）

（3）景点游玩：团购门票（美团、百度糯米、大众点评）

（4）交通：高铁票（12306 网上订票）

（5）打车（滴滴打车）

（6）景区内利用互联网实时监控人流

三、存在的问题与对策

（一）存在的问题

1. OTA 模式中，线上的问题得不到线下的反馈与解决

在 OTA[①] 网站上，一段旅途被描述得十分美好，在实际体验中，种种预期被现实打破，落差严重。人民网旅游"3·15"投诉平台数据显示，现阶段 OTA 的投诉率整体偏高。游客产生的这个不满意，本应当通过 O2O[②] 体系再反馈给旅行社，旅行社来纠正、改正，再反馈给游客，但 OTA、线下企业还没有做到这一点。

互联网 + 思维可能会颠覆传统的旅游管理模式，可能需要以诚信评级、评价和精准的服务、营销为重点，来一场真正的管理革命。

2. 新技术不断应用与挑战

柬埔寨吴哥窟景区已采取脸部识别的系统，门票上会附游客照片，便于游客进出景区；在东京迪士尼，游客超过饱和流量时，工作人员通过测算景区何时能够达到合理流量，给游客一张纸条，请其在测算的时间后再进入游玩。

（二）解决方法

1. 利用新技术以及管理创新，提升客户旅游体验。买票系统、检票系统、自动解说系统、导游系统、美食、租车，等等，要在提升客户体验上下工夫，不断通过技术与流程管理创新等，不断进步。

在过去的 IT 时代，旅游创新是以产品为中心，现在通过大数据分析用户评价，越来

---

① OTA：Online Travel Agent，指网络平台与旅行社相互融合的在线旅行社。

② O2O 即 Online To Offline（在线离线/线上到线下），是指将线下的商务机会与互联网结合，让互联网成为线下交易的平台。

越以用户为中心。因为在互联网时代，一个地方美丽不美丽，值得不值得去，已经不再是某个拥有信息垄断权力的精英机构说了算，而是由千千万万的普普通通游客在网上的主观感知和评价分享的结果来说了算。此时，用户评价成为游客最终决定是否预订旅游产品的重要依据，引导企业去改变。

2. 网络交易方式改进方案。（1）票务支持。旅游网站应积极推进电子票务制度的建立。电子票务可以极大方便交易双方，提高效率，节约成本，推动网络旅游市场进一步趋向国际化。（2）在线支付体系的完善。银行应充分认识网络市场的巨大商机和发展趋势，为在线旅游企业提供信用担保；旅游行业机构与旅游企业也应出台行业标准，规范交易过程，加大宣传力度，保证网络旅游交易的安全、方便、快捷、高效。（3）网络安全。

3. 综合创新，抓住信息建设的牛鼻子。对于互联网如何＋旅游，从政府的角度，应从基础网络建设和旅游数据共享做起，建设旅游产业服务平台，发布公共服务信息，通过平台整合、分析旅游行业相关数据，还要改变营销方式，开展微博、微信自媒体营销，进行海外营销网络建设，开展线上营销的活动，推进互联网＋电子商务工作的建设，健全旅游公共信息服务的队伍。

【思考研究题】

1. 互联网＋旅游与传统旅游的区别与联系？
2. 互联网＋旅游的全产业链如何构成？
3. 比较当前主要的城市或景点旅游的互联网＋旅游的主要对策？
4. 比较 OTA 与 O2O？
5. 什么是智慧旅游？
6. 未来互联网＋旅游的主要愿景？
7. 以故宫为例，请你策划一下互联网＋旅游全行程。

互联网＋教育篇

从 2014 年开始，资本市场对互联网教育的关注度陡然提升，先是阿里巴巴领头注资近 1 亿美元投资 VIPABC；而在 YY 教育宣布成立 100 教育之后，BAT 巨头纷纷内部孵化或外部并购平台和内容与工具类产品。另一方面，以新东方、好未来为代表的传统教育机构，也在加速向互联网靠拢。新东方于 2014 年宣布与腾讯达成合作，以加快互联网教育业务发展。

B2C（Business – to – Customer）模式即在线教育机构提供优秀的教育资源服务，把教学资料和视频等内容上传到其服务器上，以出售"学习卡"的方式将上述学习内容销售给学习者。其赢利点主要是会员收费、产品返点收费、增值广告收费、注册会员信息投递收费。B2C 在线教育平台的提供商直接生产内容传递给客户，一般需要掌握优质的师资力量和高水平的内容制作能力，主要代表除了一些网校外，还有 91 外教、微课网、51talk、优才网等。

案例一：Ablesky（能力天空）

能力天空（英文名称 AbleSky），是一家诞生于美国硅谷的高新企业技术公司，公司自 2006 年创办以来，一直在做能力天空知识分享的平台，如同淘宝和 eBay 一样，任何教育机构或相关领域的专家，在 ABLESKY 上创建自己的网络学堂或者咨询公司后，就可将视频课程，知识资料以及相关技能分享给求知者，使每个人都可以通过互联网轻松快捷足不出户就可以享受到最好的教育。学生与老师之间，学生与学生可自由全方位交流。AbleSky 是一个利用科技手段超越传统教育的平台。

一、课程模块

全部课程大致分类包括：资格认证，如司法考试、游戏开发、移动开发；语言学习，如雅思、韩语、英语口语；大中小学，如小学语文、小学数学、中考；职业技能，如 SEO、人力、淘宝电商；兴趣爱好，如传统爱好、摄影、书法等；亲子课程，如婴幼早教、家长培训、幼儿音乐。

（一）报班中心模块。类型由两维组成，一维是网络班、预售班、面授班等形式，第二维是工作、学习与生活。

1. 工作子模块由公务员、职场、资格认证、其他技能等项组成。

2. 学习子模块由教研、语言考试、基础教育、成人教育、大学学科、IT 网络、留学、科普等组成。

3. 生活子模块由文化、时尚、居家休闲、娱乐及其他组成。

（二）职位课程模块。高效办公系列、公共营养师、人力资源管理师、专业摄影师、日韩语、理财规划师、一级建造师、CPA、心理咨询师、教师资格证、HR 实战等。

（三）网校名师模块。

（四）资格认证模块。注册会计师、审计师、执业医师、执业药师、高级工程师、人力资源师、心理咨询师、质量认证、建筑师、建造师、消防工程师、特许金融分析师、营养师、试验检测、司法考试、老师资格证等。

（五）IT 培训模块。PHP、3DMAX、Windows、C 语言、数据库、IOS 开发、脚本语言、网站建设、网页制作、游戏开发、移动开发、JAVA、软件测试、HTML 5 等。

（六）语言学习模块。葡萄牙语、西班牙语、汉语、CET4、托福、SAT、GMAT、

GRE、法语、日语、雅思、美语等。

（七）大中小学模块。奥数、艺考、文科、理科、农科、医科、经管类。

（八）职业技能模块。SNS、自动化、珠宝鉴定、门店管理、行政文秘、室内设计、知识产权、自媒体营销、微信运营、PS、电子商务、企业管理、SEO 等。

（九）兴趣爱好模块。影视、星座、游戏、棋牌、音乐、宠物、花草植物、手工制作等。

二、课程组织

课程为上传视频和 PPT。

可在听课过程中记录笔记。并可在听课过程中提出疑问等待老师解答。

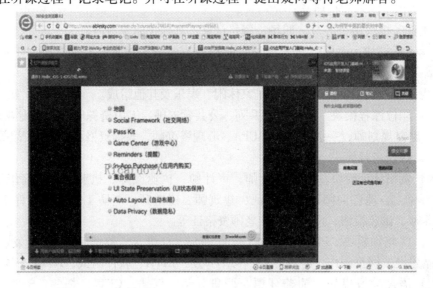

三、平台运营

（一）产品服务

AbleSky 开发的个人知识门户。每位用户都可以将自己的知识资料上传至 AbleSky，并且分享给 AbleSky 的朋友们，这会使他获得更多关注，并因此成为 AbleSky 万众瞩目的专家。同时，可以在 AbleSky 结识很多志趣相同的朋友。

AbleSky 特有模式下的广告系统。广告主不仅仅可以根据用户的地域、年龄、身份等信息精准投放广告，同时也可以根据用户的兴趣点和关注点投放。同时为了让广告主的广告受到更多的关注和点击，AbleSky 采取了广告收入和知识资料发布者分成的方式，使发布者愿意发布免费课程，从而让更多的学习者关注到广告主的广告。

（二）平台客户分类

1. 教育机构网校

如果想获得更多的关注和收入，也可以在线申请成为品牌机构。认证后将大大提升自己的信誉度，并且拥有更多的个性化教学管理功能。AbleSky 可以帮助品牌机构招生，它提供的是一个完整的全天候的教学方式，品牌机构发布在 AbleSky 的课程会让 AbleSky 上数以万计的学习者随时找到，并通过时尚快捷的在线支付方式实现直接购买学习。同时，品牌机构的课程可以被任何一个互联网用户代理，通过强大的代理课程和分校管理功能，帮助品牌机构快速拓展渠道。

2. 企业内训网校

用于提高企业员工的专业素质和技能，助力企业人力资本的建设和发展。2011 年，已拥有成熟在线培训系统开发经验的 AbleSky 在教育机构在线培训系统的基础上快速开发了企业级在线培训系统，它和 AbleSky 连通，能使企业级用户轻松获取 AbleSky 数以万计的精品视频课程，解决了企业培训缺乏内容资源的问题。

为了方便企业级用户选课，AbleSky 还专为企业级用户搭建了快速购课商城——能力城。能力城里的课程均是由 AbleSky 品牌机构发布，并经过 AbleSky 严格把关审核后，进入商城供企业级用户购买学习。

（三）平台优势

能力天空平台便于操作、收费低。如果企业或教育机构自行开发，需要大量投入人力、投入时间，并且周期长，还需常年有专人负责维护，费时费力还不一定会有卓越的成效，技术上还会有短板。能力天空平台功能应有尽有，客户类型全面，有专业客服随时解决客户问题，并且价格合理。

【思考研究题】

1. 能力天空的主要客户类型？是否有拓展空间？

2. 能力天空有哪些课程板块？为什么？

3. 能力天空的网上课堂如何组织？与传统课堂相比，有什么优缺点？未来前景如何？

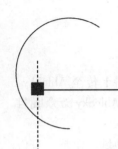

案例二：沪江网

沪江网校，是专业的互联网学习平台，致力于为用户提供便捷、优质的全方位网络学习产品和服务。自成立以来，沪江打造了领先的学习资讯、学习社区、学习工具及学习平台四大业务体系，涵盖中小幼、语言、留学、职场、兴趣等丰富的内容。近年来，沪江大力扶持互联网教育创业团队，积极打造在线教育生态圈，实现产业共赢。同时，与传统学校合作探索，缩小教育差距，推进教育公平，把优质的教育资源通过互联网传递到世界的每个角落。

一、沪江网的发展历程

2001 年，上海理工大学大三学生伏彩瑞创建沪江的前身——沪江语林。2003 年沪江网正式上线。在 2001 年到 2005 年这五年间，沪江一直维持公益化运营，并累计用户逾 20 万。

2006 年，以 8 个人 8 万块钱资金起步，沪江开启了公司化运营，并一步步发展为如今专业的互联网学习平台。

随着移动互联网的不断兴起，沪江团队推出多款移动端产品，构建移动学习生态圈。短短数年时间便汇聚了超过 8000 万名移动学习者，更自由的学习方式，让知识触手可及。

2015 年 4 月，沪江网正式更名为"沪江"，推出以绿色为主色调的"刷新符号"作为品牌全新 logo，诠释了沪江"点滴学习、刷新自我"的内在理念；与此同时沪江官网 www.hujiang.com 同步升级。新首页的功能版块更加简洁、清晰，在细节上更具质感，沪江从设计的专业性和规范化来优化用户学习体验，用诚意打动用户。

二、沪江网的资讯、社区与平台

（一）学习资讯

沪江网：沪江旗下学习资讯门户网站，作为多元化的学习站点，为亿万用户提供专业的互联网学习资讯与服务。

（二）学习社区

沪江社团：沪江旗下网络学习社区，主打口号"爱学习，同兴趣，在一起"，旨在汇聚拥有相同学习目标和兴趣爱好的学习者，共同交流与学习。

（三）学习工具

沪江学习：沪江学习是沪江开发的轻量级外语学习工具，能够根据用户的需求，快速定制科学的学习方法。任务化的学习系统，帮助用户坚持每日学习进步。

CCTalk：CCTalk 是沪江旗下直播教学工具，通过多屏终端，为师生们提供实时互动的教学体验。

沪江开心词场：沪江开心词场是沪江旗下的背词练习工具，通过学习、测试、复习的游戏闯关模式，更添背词乐趣。

沪江小 D 词典：沪江小 D 词典是沪江推出的多语种在线查词工具，覆盖英、日、法、韩、西、德多国语种，为用户提供随时随地查单词、学外语的学习方案。

沪江听力酷：沪江听力酷是沪江开发的听力训练工具，将丰富的各语种听力素材分门别类，每日更新，适合想要提升外语听说能力的学习者。

（四）学习平台

沪江网校：沪江旗下的海量优质课程平台，以自主开发的 OCS3.0 课件系统为核心，提供全面的课程和教学服务。

CC 课堂：沪江旗下开放的互动教育平台，通过多屏直播教学工具 CCTalk，为老师和机构提供便捷的教学方式，为学员带来轻松有趣的实时互动。

三、B2C 平台在线教育的优势和劣势

（一）优势

1. 降低成本

电子平台的 B2C 服务剔除了传统 B2C 电子商务模式中"库存和物流"的环节，降低了成本。平台业务未来一定会从 C2C 的个人对个人的 O2O 模式升级成为 B2C 的公司对个人模式，这样从平台的管理成本上和 O2O 的服务质量上都有质的飞跃。

相对于传统教育，B2C 的教育成本相对较低。据了解，传统的 1 对 1 培训机构教室场地成本占了很大一部分比重，教师收入占比过低，从根本上决定了老师教学的主动性不高。但是 B2C 模式的教育产品的管理体系、产品技术和内容体系的成本是可被摊销的。从财务角度来讲，就是他用一百个人和一万个人成本几乎是一样的，同时因为节省了场地和较多的管理人员成本，所以毛利空间可以打开。

2. 满足了非基础类教育对在线课程的需求

现在的教育培训主要有三类：基础教育（K12）、扩展知识教育和技能教育。基础教育很多与学校教育挂钩，这种教育的过程是漫长的，而且很大部分由学校完成，扩展到校外的部分很少。所以现在社会性企业经营的，都是扩展知识和技能培训两部分。

这类培训需求有时涉及证书、资质，有时仅仅是自我提升。而托福、雅思等培训就是语言类培训中的一个大项。由于托福、雅思等英语培训直接关系到出国留学的院校申请，可谓是一种"刚需"。这类无法在学校日常课业中完成，又对特定人群而言必不可少的培训需求，就是在线教育植根和扩展的市场基础。

3. 在线教育的多种方式中，B2C 相对 C2C 更受信任

优秀的 C 会从 B 端脱离出来（例如优秀的留学咨询师会自己创立小工作室），但是他们在市场竞争中却落后于大型机构，归其原因在于用户对 C 端的天然不信任。在试错成本很高的情况下（主要是时间成本，例如留学一年只有一次，一生中也没有两三次试错机会），他们更相信有着很强品牌背书能力的机构。这导致优秀的 C 出来之后，获取用户变得困难。

（二）劣势

基础教育现阶段还不太适合线上教学，因学员成熟度不高。而职业教育学员对在线教育信任感强，认为它打破了时空局限，解决了用户痛点。

四、B2C 平台互联网教育发展趋势

直播会成为基础教育的未来发展趋势。整个中国的经济发展是梯状的，在中国你可以找到这个世界上最发达的地区，也可以找到这个世界上最贫穷的地方，所以，每一个区域经济发展上升一个梯度时，这个区域的需求就会释放出来，也就是说一线城市的基础教育补习已经出来了，二线城市即将进入高潮，三线城市正在热起来，四线、五线、六线城市今天依然非常粗放。他们的经济已经发展了，可是优质的教育资源没有覆盖到，互联网却已经覆盖到了。这个时候通过在线教育，绝对能够非常有效地把最优质的教育资源输送到整个中国的三、四、五线城市，直播会成为一个趋势。

在线教育产品更应该"因材施教"。看衰教育 C2C 者，大多认为困难在于标准化流程和服务的不可预期。而在教育领域，老师属于知识的拥有者，面对长尾学生（例如留学，不同的学生需求不一样）更应该因材施教，而不应该用流程来套。而服务是否可以预期，重要的不是标准化流程，而是平台对于服务提供者（老师）的管理上。如何引入老师，如何保证老师的质量，如何判断老师的专业能力和授课能力，并给予足够的信息支撑老师，让老师自己的知识和水平不断提高，这才是平台更应该关注的事情。

在线教育需要在大市场里做。因为教育互联网化需要持续性、稳定的投入，当营收达到一个点时，才能盈利。如果市场规模和总量不够大，就无须转型至线上。传统教育机构在转型之前，需要进行小范围的尝试和验证。比如线上营销，录播模式，直播模式……要转型就得做好三四次试错或失败的准备。

【思考研究题】

1. 互联网 + 基础教育的主要形式是什么？
2. 估算一下我国互联网 + 教育的市场空间。
3. 沪江网的现状如何？其创业历程给我们什么启示？
4. 你在学习英语时，会选择互联网教育网站吗？为什么？

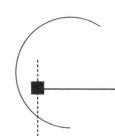

案例三：Coursera

一、MOOC 平台简介

"MOOC" 是 massive open online course 的缩写，意为大规模开放式网络课程。从本质上讲，MOOC 始终属于"课程"，即学习内容有一定的安排次序和规定，具体表现为开课周期、课堂作业及考试安排等。这使得 MOOC 与一次性上线并且没有考核手段的网络视频区别开来。它与互联网的结合，使其突破了传统升学模式中存在的场地限制、学习资格等藩篱，同时降低了学习成本。

二、Coursera 简介

Coursera 是免费大型公开在线课程项目，2012 年由斯坦福大学的 Andrew 和 Daphne 两名教授创立，其宗旨就是让所有人最便捷地获取世界最优质的教育机会。目前有 142 个合作伙伴，分别来自 28 个国家，提供 1866 课程。网址：https：//www. coursera. org/

（一）注册流程

以下为 coursera 使用指南。

第一步：注册。

信息输入之后，你的邮箱会收到验证消息，按照指示操作即可。

您好，Vivian，

请确认 806412335@qq.com。谢谢各位。祝您学习愉快！

确认电子邮件地址 »

如果您在使用上面的按钮时遇到困难，您还可以通过将以下链接复制到您的地址栏进行确认

https://www.coursera.org/account/email_verify/P_PvhebT3L0JcxKgTZ54m8C-50ncvSapeAAgT-TPrcYSLKBEF-gaTLcsNR39967i6gontisqb2o6rvPzRWKghw wnjOO1M4h0gklhiN2FbMwQ xI7MO-sIUd876A_-D_W5SRW1y6uC__vP7YaD-IRBKPxcNgVDjK2LHwMI_DouA_1wiFbv-d4DhEefwXEDCpgRUI1c-c_DuSO$i4ffqcjMBLTlhob1GCCxK5I6JkRxs4rfHpSKmX3WBZOGNH3foUY-BA

衷心感谢！
您的 Coursera 团队

如果您未注册或申请电子邮件确认，请忽略此电子邮件。

第二步：选择自己感兴趣的课程。

如图所示，coursera 有两种课程类型：专项课程，比如艺术与人文、商务、计算机科学等；顶级专项课程，比如数据科学、零基础 Python 入门等。

所选课程可以在个人页面中看到。以所选课程 Financial Market 为例，已选课程可随时退出。

（二）课程简介

以专项课程为例，课程界面包括六个部分：主页、课程内容、作业、讨论、资源和课程信息。

1. 主页：此部分包含了基本指示语、授课教师致辞、课程安排及认证设置。

2. 课程内容：每周都有对应的课程内容，包括本周作业的截止时间和课程视频。

3. 作业：包括作业的具体内容、截止日期和如不能完成作业的其他选择。

4. 讨论：参与此课程的学员可以在此进行交流。

5. 资源：这部分包括一些课程相关论坛和讨论区的介绍。

6. 课程信息：此部分包括授课大纲、授课教师、考核方式、课程评级、助学金相关内容和相关课程索引。

三、Coursera 盈利模式

（一）证书费

学员若想获得一些真实学历，并得到相关大学的官方认证则需要付费。学员在 Pearson 上缴费报名，在 Pearson 的考试中心进行考试，降低作弊的可能性，提高证书的可信度。报名费用带来的收益由 Pearson 和 coursera 分成。PearsonVUE 致力于 Pearson 集团的计算机化考试业务，将目标定位于信息技术行业以及职业资格证书和认证市场。Pearson-VUE 在美国、澳大利亚、日本、英国、印度和中国都设立了运营中心，考试网络已经涵盖了 145 个国家，在全球拥有近 4000 个授权考试中心和 230 多个 Pearson 专业考试中心。

（二）推荐费

Coursera 平台通过分析在其开设的课程里面的学生的表现，充当高级猎头，给公司推荐合适的人才。如果公司采用这种招人形式，应该比现在的海选形式效率要高不少。

Coursera 因为其高质量的推荐也应该能收取不低的推荐费。

四、MOOC 平台优缺点

（一）优点

1. 费用低廉。绝大多数课程是免费的，相较于实体教学，网络课程成本较低，也就使得学员学习课程需要支付的费用相应减少。

2. 自主学习。用户可根据个人情况选择相应课程，不受生硬课表的约束，满足了很多上班族的需求。

3. 学习资源丰富，且质量有保障。MOOC 上的课程涉及多领域，内容丰富多彩，有利于学员的个性化发展，满足了学员的个性化需求。这些课程都来自各国世界知名高校，授课教师也是领域内有一定影响力的专家，保障了课程的质量。

4. 易于使用。从注册到听课，甚至退课，都简单易操作。而且目前 MOOC 平台也在积极促进平台在各地文化背景及使用习惯上的调整，例如上述的支付宝付款，就是 coursera 中国化的一种诚意。

5. 覆盖人群广，推动了高等教育的普及化。传统教育称为应试教育，考上了高中，就享受高中的教育，考上大学，才能享受大学的教育，考上了 A 大学，就享受不了 B 大学的教育。这倒不是绝对的，只是旁听等方式是非常耗费时间、金钱和精力的。MOOC 平台解决了招生人数有限的问题，理论上讲网络的容量是无限的，可以容纳很多人一起学习，使更多的人，无论是学生、上班族还是退休人员，都可以享受到名校的课程，这对于提高国民整体素质有很深远的意义。

6. 倡导终身学习的理念。学习这件事有时候会受到很多客观因素的限制，可是随着科技的发展，随着社会的进步，解决这种困难的办法越来越多，汲取知识的渠道也越来越多。俗话讲"活到老，学到老"，现在没有兴趣，可以过会儿再学，不存在这节课过去，你走神了，就不能重来的无奈。不喜欢数学，你可以学计算机，甚至可以了解宗教。选择多了，时间自由了，学习的土壤就变得肥沃了，萌芽苗壮成长的机会就大一些。

（二）缺点

1. 学校的文化特征无法通过虚拟世界表现。学校不仅仅只有课堂，还有社团和同学，对学生的团队意识、拼搏精神等思想品德方面有深远的影响。这些文化的熏陶是冰冷的网络所不能提供的。

2. 师生互动机会减少，不能及时答疑。在学校，老师和学生在同一间教室，有很多面对面交流的机会，疑点在课下可以通过提问的方式及时解决。而网络上学生人数太多，教授也不可能一一回复，困惑就只能通过查资料、和同学交流等其他方式解决。

3. 老师很难因材施教。学生人数众多。老师不可能因材施教，只能普遍教学，所以教学效果差强人意。

4. 网上考试易作弊。很多人为了获得证书，采取作弊的方式进行考核，而网络又极易作弊且不易被发现。

5. 证书的权威性有待提高。MOOC 平台颁发的证书毋庸置疑是对学习成果的肯定，但是在业内的认可度不高，招聘时的效用有限。

【思考研究题】

1. 比较 MOOC 与传统教育？

2. Coursera 的课程是如何组织的？

3. MOOC 如何赢利？前景如何？

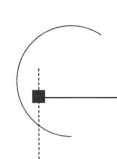

案例四：清大学习吧

一、清大学习吧的成立

清大学习吧成立于在2006年，涵盖了早教、小学、初高中等全年龄段同步辅导以及各种课外教育资源，是国内第一家"线上＋线下＋学习终端"的立体化教学平台，成立以来受到用户及业界的广泛好评，成为中国O2O教育的典范。

网址：http://www.xuexiba.com/

首页主要板块有：精品课程、考试服务、考级圈、门店、机构入驻、教师入驻、免费试听。

二、清大学习吧主要内容

清大学习吧集成了当前流行的课外教育、考试教育等内容，主要服务于传统教育，而不是取代传统教育。这是由课外教育市场的发展规律决定的。

（一）精品课程板块简介

精品课程包括启蒙教育、素质教育、养成教育。

1. 启蒙教育包括了幼儿美术与幼儿科学。

2. 素质教育包括创造力阅读、创造力数学、少儿书法、创造力作文、兴趣英语等板块。

3. 养成教育有播音主持考级、青少儿美术等板块。

（二）班级圈

本地优秀教师可在学习吧线上平台免费建立自己的班级圈，通过班级圈进行线上招生、开班授课，学生通过加入优秀教师的班级圈来学习本地化的优质教育内容，可通过班级圈与本地优秀教师进行互动，充分实现个性化学习。

（三）线下体验店

清大学习吧在全国范围内设立体验店，体验店分为店中店、标准店和旗舰店三个级别。其中标准店、旗舰店都开设网络学习区和全自动录播间，网络学习区供本地学生学习线上优质教育资源；入驻本地学习吧的教师可通过清大世纪教育集团云卓全自动录播系统进行精品课程线下录制，完成本地优质教育资源的线上储备。

（四）教师入驻

教师申请入驻获得审批后，可以创建班级，录课并上传。入驻清大学习吧的教师通过清大世纪云卓全自动录播系统进行线下录制精品课程、微课程等，并可在门店授课，从而助力教育资源本地化。

（五）机构入驻

提出申请，并获得网站批准后，即可入驻。

三、清大学习吧研发产品

（一）网络课程教育资源

清大世纪经过10年的资源储备、经验总结、市场调研优化整合开发的"线上＋线下"互动学习平台。它融会了以名校为依托的纯"网校"教学及以面授辅导为主的"授课班"教学的优点，通过"线上＋线下＋学习终端"创新模式，以连锁加盟方式推广，为中小学生提供全方位课外教学辅导。

（二）全自动录播系统

全自动录播系统是清大世纪自主研发的一套产品，该系统可同时完成现场教学、课程录制、视频剪辑、网络上传等多种环节，登陆"教育服务云平台"，可观看各种优秀在线课程教育资源，目前全自动录播系统已经全面渗入教育行业各个领域，广泛应用于各大院校及基础教育学校。

四、清大学习吧课程体验

第一步，百度搜索清大学习吧。
第二步，登录官网。
第三步，用邮箱注册新用户。
第四步，进入选课中心，根据你的需要选取年级和课程。

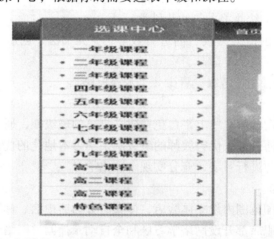

第五步，选定年级和课程后会出现一系列的关于该课程的付费课，此时你可以选择听一整个系列，也可以听其中一个章节的课。

第六步，点击立即购买，进入支付宝付款，付款成功。

第七步，购买成功后即可听课。

【思考研究题】

1. 清大学习吧的网站是如何构建的？
2. 你认为清大学习吧成功的关键因素是什么？
3. 你认为网教课程的评价体系应该如何构建？
4. 网教的竞争力何在？

互联网＋金融篇

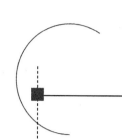

案例一：中晋系"庞氏骗局"

一、互联网诈骗

（一）互联网时代背景

随着余额宝、微信理财等网上金融服务平台的发展，互联网金融正进入一个如火如荼的发展阶段，涌现出一批诸如人人贷、拍拍贷、众筹平台、陆金所、条码支付、微信支付等金融企业或创新产品，在提供更为方便快捷的金融服务的同时，也给金融体系的稳定和健康运营带来了风险和隐患。互联网金融沦为一些不法分子实施庞氏骗局的新工具，正如媒体爆料，一些 P2P 平台已成为非法集资的舞台，涉案金额巨大、涉案人员众多。

（二）庞氏骗局的概念

庞氏骗局可以是对金融领域投资诈骗的一种泛指，是金字塔骗局的始祖。庞氏骗局的名称源于波士顿巨骗查尔斯·庞兹，他编造的一个投资骗局于 1920 年崩盘。庞氏骗局是一种投资欺诈，其支付给投资者的回报不是来自真正的投资或实业产生的利润，而是来自后续投资者投入的钱。这种骗局提供的回报一般要比其他合法实业所能提供的回报更高，并以此来诱惑投资者。庞氏骗局通常不得不以突飞猛进的增长速度来吸收新的投资，以此维持向已有投资者支付回报。当行骗者无力通过继续吸引投资者满足新的投资需求时，崩盘便不可避免。这时，大多数投资者都血本无归。

（三）我国 P2P 行业情况

近几年，互联网金融大火，互联网金融类企业如雨后春笋般出现，但市场是建立在一个无准入门槛、无行业标准、无政策监管的"三无"环境中，甚至几乎没有任何金融背景的企业都能借助于互联网金融分得一杯羹。在出事的企业中，许多涉嫌非法集资、自融自保、拆标、资金池、跑路等问题。但这些企业往往只是出事以后才被追责，而此时的追责往往于事无补。

目前，根据相关数据调查，国内 P2P 行业出现了实际利率不超过 4 倍、但加上服务费用等超过 4 倍贷款基准利率的情形，具有被用于从事高利贷的风险。

互联网金融乱象和无数百姓被骗的背后是监管的缺位。金融监管的速度远远赶不上互联网金融的创新步伐。在中晋系事件中，其奢华的包装与宣传并没有引起有关部门的重视，其"庞氏骗局"的特征，稍有金融常识的人都能一眼看出，监管部门却放任其日益做大，最终导致局面难以收拾。

一边是跑路、诈骗等现象频频上演，一边是监管的全面推进。在此背景下，据银率网统计数据显示，2016年3月，全国新成立P2P平台仅4家，环比上月减少66.7%。与之形成鲜明对比的是，3月，全国新增问题平台112家，环比上月增加40.0%，新增问题平台已连续四个月多于新成立平台。

二、中晋系现代"庞氏骗局"

因涉嫌非法吸收公众存款和非法集资诈骗犯罪，百亿级理财平台中晋资产管理有限公司2016年4月11日被上海警方查封，20余名核心成员在机场被截获。中晋的倒下绝非偶然，超高的年化收益率，金字塔式的合伙人层级，亲友和家属的卷入，借新还旧……堪称是一个现代版的"庞氏骗局"，一个披着互联网金融外衣的传销组织。

（一）案情简介

1. 公开数据显示，截至2016年2月，中晋合伙人投资总额突破340亿元，总人次超13万，60岁以上投资人就超过2万。中晋在4月5日发布的一则公告显示，截至2016年4月1日，中晋一期基金共募集资金52.6亿元人民币，超计划筹资2.6亿元人民币。

2. 上海市公安局通报，中晋系公司，通过网上宣传线下推广等方式，利用虚假业务、关联交易、虚增业绩等手段骗取投资人的信任，并以中晋合伙人的名义，变相承诺高额年化收益，向不特定公众大肆非法吸收资金。

（二）中晋系详情

1. 中晋系集团基本资料

工商注册资料显示，中晋资产管理（上海）有限公司成立于2013年2月，注册资本为1亿元人民币，法定代表人郭亮。对外投资企业63家，国太投资控股（集团）有限公司是其唯一的股东。其投资企业多数为2015年前后成立的空壳公司，这些公司涉及各行各业，地产、金融、黄金、餐饮、科技、旅行社、保洁、航空设备、汽车租赁、服装设计、洗浴中心、游艇等几乎无所不包。而对外投资控股企业中，往往又投资设立了大量企业，以上海中晋一期股权投资基金有限公司为例，其对外投资企业高达149家。

国太控股则成立于2013年5月，注册资本1.95亿元，法定代表人陈佳菁，一度控股上市公司3家，非上市公司120家，涉及交通运输、建筑、房地产、金融、批发零售、商业服务、信息技术等领域。有心人会发现，其对外投资控股企业与中晋资产管理（上海）有限公司多有重合。也就是说，这100多家关联企业的幕后就是国太控股，而中晋资产则更多充当资本运作平台的角色。

中晋设立了100多家企业，其用意颇深。从上海警方通报的内容来看，这些企业为其虚假业务、关联交易、虚增业绩等提供了便利，掩盖不可告人的目的，并骗取投资人信任。

2. 中晋系为何被查？

自2012年7月起，以徐勤为实际控制人的中晋系公司先后在本市及外省市投资注册

50 余家子公司，并控制 100 余家有限合伙企业，租赁高档商务楼和雇佣大量业务员，通过网上宣传线下推广等方式，利用虚假业务、关联交易、虚增业绩等手段骗取投资人信任，并以“中晋合伙人计划”的名义，变相承诺高额年化收益，向不特定公众大肆非法吸收资金。

其罪名有二：涉嫌非法吸收公众存款，涉嫌非法集资诈骗犯罪。

3. 中晋系圈钱伎俩

圈钱招数一："金字塔式"合伙人

"金字塔式"合伙人是中晋圈钱的一个圈钱模式。北青报记者查询工商注册资料显示，上海中晋一期股权投资基金有限公司旗下的有限合伙企业高达 149 家。据悉，中晋的合伙人种类繁多，包括一般合伙人、高级合伙人、明星合伙人、超级合伙人、战略合伙人，以及永久合伙人，层级结构分明。

圈钱招数二：朋友圈卖力"炫富"

香车美女是中晋的卖点之一。此前，有"中晋美女员工炫富"的内容在朋友圈流传，不仅仅有豪车法拉利，更有抱着数百万现金的照片。据悉，网上流出的开豪车炫富的销售员程明是中晋的公关经理，待遇是 200 万元年薪加提成，公司在年底还奖励了法拉利汽车。

一名投资者表示，该女子在朋友圈中展示的生活只是"工作需要"，实际上都不是真实的，只不过是通过"炫富"的方式来招揽客户和合作伙伴。实际上，在朋友圈"中招"的投资者不在少数，许多投资者觉得是朋友圈人推荐的，问题不大，不妨试试，结果越玩越大。

圈钱招数三：超高年化收益率

"高收益、短期限"是中晋的另一个卖点。据投资者介绍，"中晋合伙人"在产品设计上期限极短，甚至短至 2 到 3 个月，承诺收益率水平差距较大，大致在 8%～16%，但加上高额的返利实际收益可达 20% 以上。最离谱的要属"中晋合伙人"力推的永久合伙人产品，承诺收益率达 40%，限量限购，且规定不得赎回本金。

4. 宣传方式

中晋系冠名赞助上海知名相亲节目"相约星期六"，该节目主持人成为其形象代言人。"相约星期六"基本上是上海的"大爷大妈们"周末必看的一个"国民节目"。这个已经有十几年历史的口碑节目使中晋从某种程度上获得了上海本地中老年阶层的熟识度。有分析人士指出，中晋一案中，大批老年人"踩雷"，其中 60 岁以上的投资人就超过 2 万。

5. 香港"仙股"频繁卷入理财诈骗风波

在本次事件中，香港"仙股"频繁卷入理财诈骗风波。其原因在于中晋资产高管应该已经知道资金链告急，所以想到港股市场上去玩一把赚快钱，用来填补其资金缺口，但是它投资的三家公司都是香港"仙股"，在出事之后，股价更是大跌，加剧了其资金链崩塌。

"仙股"是香港市场的"土特产"，即低于每股 1 港元的香港股票。其波动往往非常

之大，具有较大的市场风险。投资者买"仙股"，赌的成分很重。

2015 年底开始，国太集团通过资产管理计划多次增持中国创新投资达到其总股本的 27.75%，价格在 0.067 港元每股到 0.07 港元每股之间；以 0.07 港元每股买入 12 亿股中国趋势，持股比例为 17.82%；买入华耐控股 11.68% 的股份，成为其第一大股东。

而截至 2016 年 4 月 7 日收盘，中国创新投资 0.051 港元每股，三天内暴跌了 50%；中国趋势的股价则已经跌至 0.019 港元每股；华耐股份的股价也只有 0.295 港元每股的市值。在短短三个多月时间内，国太集团的三笔港股投资大幅亏损。

三、庞氏骗局缘何在互联网金融中更加严重

在传统社会，由于信息闭塞，交易成本高，所以庞氏骗局容易得逞。而在互联网时代，理论上信息通畅，交易成本低，骗局难以得逞。但为何互联网金融中庞氏骗局反而可能做大？其中的重要原因是，互联网上信息太多，信息过载产生了认知负担，在海量信息中甄别信息对个人来说非常困难。所以，互联网并不会让我们在具体判断和决策时变得更聪明，恰恰相反，我们的认知偏差反而可能更严重。而对地方政府来说，出于政绩的考虑，往往对这种所谓的创新过于照顾，这同样会加剧投资者的认知偏差。

四、加强互联网金融监管和风险防范的对策

（一）从互联网金融企业入手，规范金融产品创新和服务

首先，互联网金融企业要有自身的道德底线，明白法律的边界在哪里。互联网金融企业是网络和金融相结合的高新企业，国家在对互联网金融的发展整体上持鼓励和支持的态度，互联网金融企业应充分利用国家的支持和高新企业的优惠政策，做好自己，壮大自己，而不是投机取巧，妄图通过非法途径来获取暴利。

其次，互联网金融企业应加强自身的技术安全实力，减少企业平台技术漏洞，提高平台安全风险防范能力和病毒抵御能力。互联网金融是金融在互联网上的延伸和发展，安全是决定互联网金融能否走下去，能走多远的关键性因素，一个没有安全保障、经常出现交易故障、发生用户资金失窃的行业或企业是不会有用户买账的。互联网金融企业应加强对自身技术平台的安全防护，通过安装杀软、防火墙或者同网络安全企业合作等方式，提高平台安全性能。同时应加强内部管理，重视物理防御和隔离，避免人为因素造成的安全事故。

最后，互联网金融企业应规范产品创新和设计，正确履行风险告知义务。互联网金融企业在出售相关产品和提供服务时，应正确履行告知义务，向用户如实、完整地提供产品或服务信息，而不是故意夸大产品服务优势或收益，隐瞒关键的可能引起交易行为变更的风险信息等。只有正确履行了风险告知义务，将选择的权利交予顾客，才能及时规避互联网金融风险及随后的交易纠纷。

（二）从监管主体入手，明确主体部门和监管权限

首先，应加快互联网金融及相关立法进程，健全互联网金融行业法律体系，让庞氏骗局等金融诈骗无从施展。我国政府和相关部门已经在这方面开始了积极而卓有成效的

探索，如近年来出台的《关于加强网络信息保护的决定》、《电信和互联网用户个人信息保护规定》、《网络交易管理办法》、新消费者保护法、《非金融机构支付服务管理办法》、《支付机构预付卡业务管理办法》等，都对规范互联网金融行业发展起到了积极有效的作用。但互联网金融发展势头太快，现有的法规在互联网金融监管上还存在制度漏洞，亟须完善。且已经出台的一些制度规范也缺乏具体明确的配套办法，影响了法规和规定的执行效果。在推进立法进程的同时，明确监管主体及其相应权责，按照"谁生的孩子谁抱走"原则确定监管机构，避免"无人管理、多头管理"的乱象。

其次，应加强部门、区域协同和网络侦查能力。互联网金融的开放性使得其在监管上存在多地监管困难，因此，在对互联网金融监管上，应积极组建网络金融监管机构，并注重同传统金融监管力量的协调和配合。加强各有关部门、区域间网络监管的沟通合作，提高网络侦查能力。同时，监管部门应密切关注互联网金融发展趋势和最新动向，加强对新产品的研判和分析，必要时可以启动暂停程序，如近期央行下发的《中国人民银行支付结算司关于暂停支付宝公司线下条码（二维码）支付等业务意见的函》，对风险隐患较大的条码支付和二维码支付启动暂停和风险研判程序。

（三）从公民和社会入手，提高反网络诈骗意识，加快信用体系建设

首先，应加强反金融诈骗宣传和案例教育，提高公民的反网络诈骗意识。相关部门应利用电视、广播、手机短信、网络等加大反金融诈骗宣传。宣传中应重点突出金融诈骗的常见手法、危害以及反金融诈骗的技巧、监管部门联系方式等，深入到校园、社区、企业、农村、超市等，扩大覆盖面，加强宣传效果。同时，应要求互联网金融企业在网页显著位置和交易过程中进行风险提示，如 QQ 在涉及银行、转账等内容时都会弹出一条防诈骗风险提示，这大大提高了居民的警惕性和网络防骗意识。

其次，公民自身应保持清醒的头脑，"天上不会掉馅儿饼"，公民在选择互联网金融产品或服务时，不应简单比对收益率、价格等，更应综合考虑企业品牌、客户反映等其他因素，尽量选择大公司通过正规渠道发行的金融产品，提高交易的安全性。

最后，应加快社会信用体系建设。有关部门应推动建立企业和个人信用档案，建立起企业、个人信用互联共享、随时可查的信用体系，加大对不良信用企业或个人的处罚力度，净化社会环境，让社会处于安全透明的信用环境中。

【思考研究题】

1. 如何加强互联网金融的监管？
2. 中晋系的操作手法如何？
3. 互联网诈骗有哪些形式？

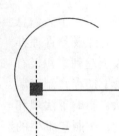

案例二：支付宝

一、支付宝发展历程

2003 年前，制约电子商务发展的瓶颈就是网上支付。但是，以银行为核心的传统支付体系无法满足该需求，譬如说银行跨行、跨地区转账会产生高昂的费用。当时，工行的跨行支付费用为千分之一至百分之一。当时银行的年利息才 4%，一笔支付的费用就达到 1%，电子商务根本不可能得到大规模的开发。

第三方支付作为一种便宜、便捷的支付"补充机制"，在支付宝的带领下，发展势头不可阻挡。

2003 年 10 月 18 日，淘宝网首次推出支付宝服务。

2004 年 12 月 8 日，浙江支付宝网络科技有限公司成立。

2005 年，马云先生在瑞士达沃斯世界经济论坛上提出第三方支付概念支付宝。

2008 年 2 月 27 日，支付宝推出手机支付业务。

2008 年 10 月 25 日，支付宝公共事业缴费正式上线，支持水、电、煤、通信等缴费。

2010 年 12 月 23 日，支付宝与中国银行合作，首次推出信用卡快捷支付。

2013 年 6 月，支付宝推出账户余额增值服务"余额宝"，通过余额宝，用户不仅能够得到较高的收益，还能随时消费支付和转出，无任何手续费。

2013 年 11 月 13 日，支付宝手机支付用户超 1 亿，"支付宝钱包"用户数达 1 亿，支付宝钱包正式宣布成为独立品牌。

2013 年 12 月 31 日，支付宝实名认证用户超过 3 亿。

2013 年，支付宝手机支付完成超过 27.8 亿笔，金额超过 9000 亿元，成为全球最大的移动支付公司。

二、支付宝业务简介

（一）支付：网购担保交易、网络支付、转账、信用卡还款、手机充值、水电煤缴费。

（二）移动业务：零售百货、电影院线、连锁商超和出租车等多个行业提供服务。

（三）理财：余额宝。

三、支付宝的盈利模式

（一）沉淀资金

1. 在银行成立一个总的备付金账户。虚拟账户（支付宝平台）资金统一在这个备付金账户中处理。

2. 客户在使用虚拟账户消费转账过程中，备付金账户会沉淀出一定规模的资金。这部分资金的利息收入归第三方支付机构所有。但第三方支付机构并不能够对备付金账户中的资金随意处置，只能存活期或最长一年的定期存款。

3. 沉淀资金

（1）待清算资金（如支付水电煤费、还信用卡和银行卡转账），由于支付宝通过银行代付周期一般在一天以上，因此这些资金在被划走前会沉淀在备付金账户。

（2）中间账户资金（如淘宝购物），顾客利用支付宝在网上购物后，资金首先被划拨到支付宝中间账户，当顾客收到货物再主动或者被动确认付款（支付宝的被动付款的时间为发货日起的 10 天）。

（3）备付金账户的利息收入主要来自于第二类。第一类资金的沉淀周期太短，因此收入贡献度低。

例如，2015.11.11（双十一）全天成交 912.17 亿元，按淘宝网买家发货后 10 天系统自动收获计算，这笔资金会在备付金账户沉淀至少 10 天（大部分"双十一"产品采取预定形式，无法立即发货），10 天活期以工商银行 2016 年 0.3% 年存款利率进行计算：

$$0.3\% \div 365 \times 10 \times 912.17 亿 = 7497287.67 元$$

支付宝作为拥有巨额资金的储蓄客户时，便可以不再采用银行面向一般用户的储蓄利率，而可以享有与银行协商谈判所获得的高利率，成为协商利率或特权利率，由此可见，支付宝的盈利是很可观的。

（二）广告费

在支付宝手机 APP 客户端主页上常常会有各种商家的广告，这些商家想要把自己的广告发到主页较为显眼的位置需要上交一笔不菲的广告费，尤其是在"双十一"等节假日更是如此，并且支付宝还向广告客户推出了增值的服务计划，包括品牌推广，市场研究，消费者研究，社区活动等。因此支付宝依靠其强力的客户黏性和庞大的用户访问可以得到非常可观的一笔广告收入。

四、微信提现收取手续费及支付宝的回应

微信自 2016 年 3 月 1 日起，提现功能开始收取手续费，收费额度按照提现金额的 0.1% 执行，每笔至少 0.1 元，同时每位用户可获赠 1000 元的免费提现额度，而且同身份证账号共享。

腾讯方面的解释是：提现收费并不是微信支付追求营收的商业化之举，而是用于支付银行收取的手续费，同时微信支付团队正在积极与银行方面密切沟通，争取早日实现提现交易完全免费；微信目前提现收取的费率为 0.1%，但银行的费率收取标准是高于

0.1%的，其实微信支付还需要承担一部分的成本。

2016年9月12日，支付宝提现开始收费千分之一，每人2万元的免费提现额度。

相比较而言，全球众多用户所使用的国际贸易支付工具PayPal的盈利模式主要来自于手续费。PayPal注册免费，付款免费。PayPal收款会产生手续费，按照每笔3.4% ~ 4.4% +0.3美金，按照比例收取。PayPal提现会产生手续费。

五、支付宝 vs 银联

国内前三大第三方支付平台是支付宝、财付通和银联。三大平台占到市场份额的90%以上。其中，支付宝和财付通的备付金管理模式一致。而银联是人民银行下属国有企业，其备付金账户设在人民银行而非商业银行，其备付金账户的资金是得不到利息收入的。银联的盈利模式主要依靠交易手续费。

【思考研究题】

1. 支付宝如何赢利？
2. 分析支付宝与淘宝的关系。
3. 分析微信支付对支付宝的冲击及应对。

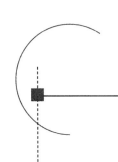

案例三：陆金所商业模式

一、陆金所的平台背景

陆金所于 2011 年 9 月成立。母公司上海陆家嘴国际金融资产交易市场股份有限公司是中国平安保险（集团）股份有限公司旗下成员。

二、陆金所提供的各种金融产品

陆金所的投资平台——lufax，其产品可以分为两大块：投资频道以及理财频道。

（一）投资频道产品

1. 安盈票据。预期年化 5.5% 到 6.5%，1000 元起，1~3 个月。一次性还本付息，低风险。这是陆金所面向借款人和出借人推出的汇票质押融资服务。在该服务项下，借款人以其合法所持的银行承兑汇票为质押物，通过陆金所网站平台中介服务，向出借人发起融资。这时候合作银行就要负起无条件见票兑现的责任。比如某期里的江南农商行（这里陆金所只是起到了中介的作用）。

2. 稳盈—安 e 贷。是陆金所网站平台推出的个人投融资服务。1 万元起，预期年化 7.84%。年化利率按照中国人民银行同期贷款基准利率上浮 40%。如基准是 5%，则安 e 的为 5% ×（1 +40%）。平安集团旗下担保公司审核，低风险，并承担担保责任，债权可以交易转让。稳盈—安 e 贷和其他 P2P 公司做的没有太大区别，但是区别在于平安集团内部的担保公司提供担保，投资者可以转让债权。稳盈—安 e 贷是低风险的个人投融资服务。所有稳盈—安 e 贷均由中国平安旗下担保公司承担担保责任。若借款方未能履行还款责任，担保公司将对未被偿还的剩余本金和截至代偿日的全部应还未还利息与罚息进行全额偿付。

再来看收益情况，以 58000 元本金、36 个月还本付息为例计算如下（不考虑回收本息的再投资收益情况）。

36 个月每月等额本息还款，可由 Excel 计算：

投资者每月收回款项 A = PMT（8.61% ÷123658000）= 1833.87 元；

第 36 个月收回本金及利息合计 = 1833.87 ×36 = 66019.32 元；

实际年化利率 =（66019.32 – 58000）÷58000 ÷3 = 4.61%

3. "稳盈—安业"也是个人对个人。是房产抵押型项目，要签线下合同，起点高，风险低。

投资期限	预期年化利率	担保方式	获取收益方式	起投金额
3个月	7.5%	平安担保公司金额本息担保	每月还息期还本	25万元
6个月（含）	7.8%			

（二）理财频道

1. 富盈人生。富盈人生买的是平安养老保险股份有限公司的理财产品，属于陆金所代销，是具有风险的。

2. 专享理财项目又分为三个。

（1）财富汇系列。定向委托中介服务。委托深圳平安聚鑫资产管理有限公司代为投资，定向投资于非银行金融机构发行的产品。

（2）彩虹系列。深圳平安聚鑫资产管理有限公司为借款人，借的是深圳平安汇富资产管理有限公司的钱，然后由深圳平安汇富资产管理有限公司出让债权给投资人。保证人是深圳平安投资担保有限公司。

（3）安鑫系列。业务和彩虹类似，不同的是安鑫系列项目中借款人委托贷本息偿还义务由中国平安财产保险股份有限公司提供履约保证保险。

总而言之：（1）陆金所的产品分为P2P投资和理财项目。理财项目的风险相对属于中低风险。而P2P项目因为平安旗下担保公司担保，所以安全性较高。相对其他的P2P，收益率却不占优势。（2）陆金所的信息发布还不够透明，没有借款人信息。这些信息只靠陆金所或平安旗下其他公司完成审核。从法律上讲，平安集团并不为陆金所的担保公司平安融资担保（天津）负连带责任，其2亿元注册资本担保陆金所交易体量的产品还是有问题和风险的。

三、陆金所的利润模式

一般贷款人从陆金所获取贷款的成本是25%，而放款人获取的收益只有8%左右，中间16%的收益都被陆金所拿走了。这里面有转让债权时支付给平台的手续费，也有高额的担保费用。从2013年7月所推出的服务中，担保费率最低每月0.8%，最高1.1%（极个别特殊情况除外），平均每月1%，综合统计借款成本在25%左右，陆金所的成本基本与行业平均水平相同，略低于高利贷行业。

陆金所对于不同的产品和不同资信水平的借款人提供了不同的担保费率。以贷款总额100000元为例，还款期数36个月，贷款年利率为8.61%计，通过等额本息还款计算器计算，每月还款的本金＋利息为3161.85元。担保费为全部借款本金的0.8%，即800元，那么每月还款总额为3961.85元计，通过等额本息还款反推计算，将担保费用包含在内，陆金所该项贷款实际上的年利率折算为24.7%。

【思考研究题】

1. 陆金所的业务模式有什么特殊性？

2. 陆金所的业务风险主要表面在哪些方面？

3. 分析陆金所的业务与赢利模式。

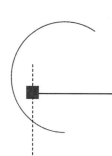

案例四：随手记

一、随手记简介

随手记是随手科技旗下的产品，中国记账 APP 品类的开创者与引领者，中国互联网金融最大的个人理财金融入口。2016 年 2 月，随手记用户已经突破 2 亿，超过后十位同类产品用户总和近一倍。随手记在苹果中国区 AppStore 财务榜已连续 1900 天排名第一。

随手记的服务对急主要是当前工作繁忙、无暇或没有能力记账、理财的白领一族。

公司 CEO 谷风，自 2004 年开始对互联网领域进行研究，对移动互联网有独到的见解和多年实际经验，2010 年其领导的团队推出随手记。

随手记用户规模：2010 年 6 月，随手记 for iPhone 上架苹果应用商店，第一款 iOS 平台手机记账应用诞生；2014 年 4 月，随手记用户突破 8000 万；2015 年 2 月，随手记用户规模已经突破 1.5 亿；2016 年 2 月，随手记用户突破 2 亿。

随手记融资情况：2013 年 9 月，随手科技获得红杉资本 A + 轮累计千万美元融资；2014 年 9 月，随手记获得复星昆仲资本领投，红杉资本跟投数千万美元 B 轮投资；2015 年 4 月，随手记获源码资本领投，复星昆仲资本跟投数千万美元 B + 轮投资，源码资本合伙人曹毅加入随手科技董事会。

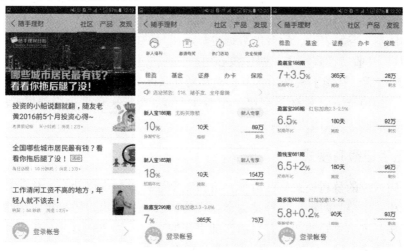

"随手记"电脑版官网：https：//lc.feidee.com/index.
图　随手记理财界面功能丰富

可以看出，随手记的手机界面做得很漂亮，其中不光有记账和统计的界面，还有理财社区，里面有稳赢、基金等产品，还能办理证券开户，信用卡开户以及保险的购买，而理财社区也是其主要的盈利点。

二、5 年吸引 2 亿用户随手记如何做到的？

随手记团队将原本专业的记账行为加以"去专业化"，变得更加通俗易懂、简单易用，让普通人告别纸和笔记录的原始方式，也无须在电脑上用专业的 Excel 表格，而是可以在手机上随时随地记账，还能在任何时间将本地内容同步到网上，方便地进行统计、分析，甚至能与家人、朋友共享账本。（去专业化，简单易用）

推出 6 元付费版本。谷风表示，随手记不会也不可能靠卖一个 6 元的软件发财。但这笔小钱却能够很好地区分出优质的用户。在一个人付费了之后，即使他一段时间内不记账，但是当他再开始记的时候，他通常会选择继续使用付过费的软件。6 元钱提高了用户的转移成本。谷风表示，后台的数据也显示出付费的用户的留存率和活跃度都远远高于免费用户。（收费模式筛选、留住核心用户）

"2010 年以后，智能手机开始普及，是移动互联网类产品进入市场的不错节点。"谷风告诉记者，2010 年 6 月份随手记第一个版本上线，5 年来几乎每周都保持一次迭代。（软件更新速度快，增强用户体验）

三、随手记盈利模式

记账理财行业的盈利模式早已清晰，价格竞争导致短期难以获利。现阶段的互联网金融的盈利模式主要是两种，一种是为金融机构倒去大量用户，另一种是结合自身数据帮助金融机构开发出更好的产品。目前，随手记的年收入为 200 万元，主要来自个人用户和企业用户两个方面。8 月份，随手记尝试整合随手记理财和卡牛的数据，帮助中信银行对其信贷产品"信金宝"的用户审批速度。因此，随手记未来会将更多的精力放在与 B 端用户合作开发新金融产品上面。

B 端（企业）的产品设计和规划上的侧重点在于：对公司策略的理解；业务流程的逻辑实现方法，如何把业务流程化；系统架构时的条理性以及拓展性；客户需求的把控（做还是不做/怎么做/做多少/什么时候做）；多角色共存时相互利益冲突的平衡；（6）如何提升系统的价值。

在产品设计上，B 端与 C 端（个人）的区别：需求方面，C 端侧重心理上的把握，B 端侧重内容上的把握；体验方面，C 端侧重情感化设计，B 端（内部系统）可能不需要过多考虑；在规划上，C 端需要更多对未来的预判，也就是说能不能站在风口；最关键的区别在于，大部分 C 端产品都很重体验，大部分 B 端产品都很重策略。

有用户才有一切，没有用户就什么都没有。用户是一，商业模式是后边几个零。因为盈利模式是可以学习的，没有排他性，所以有用户才能谈盈利。比如说谷歌的模式开始是一个小公司做出来的，后来谷歌用了这个公司的模式而获得了成功。在没有打赢用户战就去做盈利是不会成功的，盈利模式可以通用，用户却是不能共享的。

2015 年 4 季度随手记活跃用户数达到 699.09 万。随手记目前要实现的是全方位的金融服务平台，赢利点逐渐清晰。一是理财产品代销，通过为基金、P2P 产品导流赚取 1% 到 2% 的渠道佣金；二是基于用户信用卡数据征信，开通贷款业务，对象包括个人和小微企业；三是基于社区为金融机构提供品牌宣传或为特定产品进行用户教育。

【思考研究题】

1. 随手记的现状如何？你知道它模仿了国外哪家网站吗？
2. 比较一下随手记与用友软件。
3. 随手记如何营收？

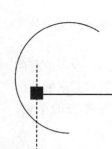

案例五：虚拟货币

一、虚拟货币的产生

货币是不断演进的。

1. 实物货币。贝壳、羽毛、动物都可以当做一般等价物。

2. 金属货币，铜、铁、白银、黄金等。

3. 信用货币。如人民币、美元等主权货币都是信用货币，依靠国家信用强制发行。

4. 电子货币：随着数字技术的发展，网上银行和手机银行的出现使货币逐步电子化。

在互联网时代，大量网上社区与网站出现了虚拟货币，甚至出现了专司货币职能的比特币。它无国家信用支持，但在德国等国家可以自由使用。

二、比特币类虚拟货币的特征

1. 去中心化。比特币是第一种分布式的虚拟货币，整个网络由用户构成，没有中央银行。去中心化是比特币安全与自由的保证。

2. 全世界流通。比特币可以在任意一台接入互联网的电脑上管理，不管身处何方，任何人都可以挖掘、购买、出售或收取比特币。

3. 专属所有权。操控比特币需要私钥，它可以被隔离保存在任何存储介质，除了用户自己之外无人可以获取。

4. 低交易费用。可以免费汇出比特币，但最终对每笔交易将收取约 1 比特分的交易费以确保交易更快执行。

5. 无隐藏成本。作为由 A 到 B 的支付手段，比特币没有烦琐的额度与手续限制，知道对方比特币地址就可以进行支付。

6. 跨平台挖掘。用户可以在众多平台上发掘不同硬件的计算能力。

三、比特币的诞生与使用

1982 年，DavidChaum 最早提出了不可追踪的密码学网络支付系统，后将其扩展为密码学匿名现金系统。

2008 年，中本聪发表论文，构建了电子现金系统，次年开创比特币 P2P 开源用户群节点和散列函数系统，比特币诞生。

2010 年，比特币用于实体交易，次年，世界地非营利性组织开始接受比特币捐赠，同时小型企业接受比特币结算。

2012 年，全球 1000 家企业接受比特币结算，同时比特币冲破国际支付系统封锁，帮助肯尼亚、海地和古巴被封锁地区互联网用户购买服务。

2013 年，各地慈善机构接受比特币捐赠；比特币带热挖矿机、托管等周边产业；泰国封杀比特币；德国承认比特币是一种"货币资产"。

四、比特币运作流程

（一）获取。比特币的获取过程俗称挖矿。每一个挖矿的节点会形成一个数据块，数据块中所储存的数据通过散列运算将任意长度的数据变成固定长度的数据串，这个数据串被称为哈希值。通过计算获得的哈希值有可能是已有的交易信息，也有可能是新的比特币。如果确认为是新比特币，即宣告挖矿成功。

（二）储存。比特币储存的地方被称作地址。比特币对等网络将所有的交易历史都储存在区块链中。区块链在持续延长，而且新区块一旦加入到区块链中，就不会再被移走。区块链实际上是一群分散的用户端节点，并由所有参与者组成的分布式数据库，是对所有比特币交易历史的记录。

（三）交易。收款方新建一个地址用以接受比特币，付款方提出一个交易申请，使用收款方的私钥对该申请签名，以保证其他地址无法获取这一组比特币。

（四）安全。当一笔交易申请提出后，比特币的交易数据被打包到一个数据块并向整个网络广播。一旦另外 6 个数据块确认这笔交易，此交易便不可逆转。由于任何一个节点的数据块都可以确认已有的交易，因此如果想用非法手段更改交易信息，或劫获比特币就需要对所有节点的数据进行修改，这是不可能完成的任务，所以保证了交易的安全性。

五、比特币尚存缺陷

分析认为，比特币的缺陷主要存在于以下四个方面：

（一）价值不确定性。虽然比特币是货币体系改革的重要尝试，但其依然没有和实体经济挂钩，因此其价值难以衡量，存在极大不确定性。

（二）过度投机。目前存在大量的投机资金对价格进行炒作。这使周边产业火爆异常，如挖矿机、挖矿托管等。但是大量投机资金一旦清盘，不但比特币价值暴跌，周边产业的泡沫也将破裂。

（三）法律地位不明。由于比特币直接挑战全球现行的货币体系，因此政府出于国家安全的考虑，势必会对其进行打压，但这并非良策。随着虚拟货币的逐步成熟，法律地位问题有可能妥善解决。

（四）比特币游离于现有金融体系之外。以交易平台为例，"比特币兑换现金"和

"现金购买比特币"的功能，由全球最大的三个兑换平台 Mt. Gox，Bitstamp 和 BTCChina 分别承担。

六、比特币法律现状

（一）德国。2013 年 6 月底德国议会决定持有比特币一年以上将予以免税后，比特币被德国财政部认定为"记账单位"，这意味着比特币在德国已被视为合法货币，并且可以用来交税和从事贸易活动。

（二）美国。2013 年 8 月，美国得克萨斯州地方法院法官阿莫斯—马赞特在一起比特币虚拟对冲基金的案件中裁定，比特币是一种货币，应该将其纳入金融法规的监管范围之内。

（三）中国。央行 2013 年 12 月在下发的有关通知中表示，虽然比特币被称为"货币"，但由于其不是由货币当局发行，不具有法偿性与强制性等货币属性，并不是真正意义的货币。从性质上看，比特币应当是一种特定的虚拟商品，不具有与货币等同的法律地位，不能且不应作为货币在市场上流通使用。

【思考研究题】

1. 虚拟货币为什么有自己的生存空间？
2. 比特币是国际货币吗？为什么？
3. 比特币的特征有哪些？
4. 简要分析比特币的运作流程。

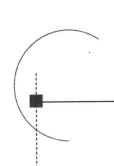

案例六：人人贷

一、历史与现状

人人贷成立于 2010 年 5 月，为北京人人友信投资有限公司旗下的全资子公司。截至 2014 年 6 月，人人贷的注册资金为 10000 万元，员工规模超过 100 人，拥有 45 家线下门店，共覆盖 30 多个省、2000 多个地区。

2015 年第一季度成交金额超 15.85 亿元，成交笔数达 25325 笔，成交金额同比增长 223%。2015 年第二季度人人贷累计成交量已超 90 亿元，平台注册用户数突破 200 万人，累计交易 775 万人次。

借款人通过人人贷上传资料，获得信用评级，发布借款请求，满足个人的工薪贷款、生意贷款、网商贷款等资金需要。投资人通过人人贷，以"加入优选""投资散标""债权转让"等形式把自己的闲余资金出借给信用良好有资金需求的个人。

二、盈利模式

（一）充值费用。第三方支付平台将在您充入资金时扣除 0.5% 作为转账费用。充值费用上限为 100 元，超过 100 元的部分由人人贷承担。

（二）提现费用。当理财人进行提现操作时，会发生提现费用。第三方支付平台将按以下标准收取相关费用。金额 2 万元以下收费 1 元/笔，2 万（含）～5 万元收费 3 元/笔，5 万（含）～100 万元收费 5 元/笔。

（三）债权转让费用。债权转让费用为转让管理费，平台向转出人收取，不向购买人收取任何费用。转让管理费金额为成交金额×转让管理费率，转让管理费率目前按 0.5% 收取，具体金额以债权转让页面显示为准。债权转让管理费在成交后直接从成交金额中扣除，不成交平台不向用户收取转让管理费。

（四）逾期罚息。当用户的借款发生逾期时，正常利息停止计算，加收惩罚利息。

（五）逾期管理费。用户的借款发生逾期时，正常借款管理费用停止计算，加收逾期管理费。

三、业务创新

（一）资金托管

2015年7月3日，人人贷与民生银行就风险备用金托管达成协议。根据协议，民生银行将对人人贷的风险备用金进行独立的托管，并针对风险备用金专户资金的实际进出情况每月出具托管报告。人人贷将于每月10日前公布上月底的风险备用金余额情况并提供民生银行出具的资金托管报告，以供用户监督。

人人贷和民生银行的合作，不仅有效解决了一直困扰网贷平台的资金风险问题，同时更有利于传统金融机构与互联网金融机构的优势互补，达到1+1>2的效果。

（二）小额度、低利率

人人贷的特色在于专注于风险控制，审核程序较为复杂，信用额度十分低，感觉只适合特别小额的借款。不得不说，"人人贷"这个名称，因为衔接了P2P（个人对个人）的主题，因此具备一定的网络推广优势。

因为没有垫付，借出者需要承担一定风险。不过，人人贷对借款者有着严格的审核，以及成熟的催贷机制。特别要提的是，人人贷利率普遍偏低（10%左右）。

（三）担保

2010年，红岭创投首次承诺平台对本金进行担保，一举激活市场。随后，平台又引进了第三方担保公司，形成了现在业界的主流模式——平台展示项目资源，第三方担保公司负责考核资金风险并负100%连带责任。

由于要承担全部风险，担保公司渐渐也不愿"接棒"。许多业者和学者认为"去担保化"是迟早要经历的过程。

人人贷平台并没有第三方担保机构对所有项目标的进行担保，但是平台有机构担保标的。所谓机构担保标的是指人人贷的合作伙伴为相应的借款承担连带保证责任的借款标的。连带保证责任即连带保证人对债务人负连带责任，无论主债务人的财产是否能够清偿债务，债权人均有权要求保证人履行保证义务。

针对机构担保标的借款申请人，人人贷会通过严格的审核系统进行双重审核，严控风险。此外，一旦合作伙伴违背其应承担的连带保证责任，根据合作协议人人贷有权通过法律手段进行追偿。

四、《关于促进互联网金融健康发展的指导意见》对P2P网贷的影响

2015年7月人民银行等十部门发布《关于促进互联网金融健康发展的指导意见》指出：鼓励创新，支持互联网金融稳步发展。监管政策的出台，将使行业正规化，落实责任，明确了监管边界和风险。这等于在监管政策的层面对P2P网贷理财行业的整体利好，尤其如人人贷这些实力雄厚有基础的正规互联网金融公司有了更大的发展空间。

指导意见针对P2P网络借贷进行分类指导，肯定了网络借贷的合法地位，同时指出了个人网络借贷平台的信息中介地位，为借贷双方提供信息服务。该政策也有弊端：一是P2P要对资产方（借贷方）进行风险管理，比如说有借款人违约时，平台先行垫付，

继而开展追索行动。这时，平台的法律地位就会尴尬。二是地方政府对 P2P 平台进行监管时，容易一刀切，使正常经营的 P2P 受到抑制。

【思考研究题】

1. 人人贷的业务创新有哪些？为什么？
2. 人人贷如何赢利？
3. 从 P2P 行业发展的角度，评价一下互联网金融新规。

案例七：互联网券商——国金证券

一、国金证券概况

国金证券前身为成立于 1990 年的成都证券，经过多次的变更和增资，2005 年 11 月更名为国金证券有限责任公司，注册资本金人民币 5 亿元，注册地四川省成都市。国金证券是中国第一批从事证券经营业务的民营证券公司，1997 年 8 月 7 日公司在上海证券交易所上市（证券代码 600109）。

国金证券是一家具有规范类资格的综合类证券公司，是七家合规试点证券公司之一。公司主要经营证券经纪、证券承销、咨询业务、期货经纪业务、财务顾问业务和投资咨询业务等。国金证券坚持"以研究咨询为驱动，以经纪业务为基础，以投资银行业务为重点突破，以自营投资业务和创新业务为重要补充"的业务模式，通过实施差异化增值服务的竞争战略，不断提升核心竞争力。

二、国金证券布局互联网金融

（一）携手腾讯建立互联网交易平台

2013 年 11 月 22 日，国金证券与腾讯签署为期 2 年的《战略合作协议》，双方将共同打造在线金融服务平台，拓展互联网金融。合作期间，腾讯将向国金证券开放核心广告资源，协助其进行用户流量导入，并进行证券在线开户和交易、在线金融产品销售等服务。国金证券将向腾讯支付相关广告宣传费用，广告投放金额为每年度 1800 万元。同时腾讯通过流量平台为国金证券提供持续的用户关注度。

双方具体合作项目包括：

1. 网络券商。腾讯以腾讯网和手机端自选股等核心资源为承载，全面推广国金证券网上平台，为投资者提供在线开户、在线交易、在线客服等功能。

2. 在线理财。协议双方打造国金证券在线理财超市，展示旗下各类理财产品，腾讯协助国金证券实现理财产品在线销售并建立专属页面宣传推广。腾讯为国金证券提供支付接口，为其理财产品销售提供支持和技术保障。

3. 线下高端投资活动。协议双方共同打造系列品牌活动、共同策划实施投资咨询报告会等线下活动平台，聚集高端人群，为广大客户提供专业金融理财服务。同时，腾讯将为国金证券开通微信官方公共账户，并协助其完成架构设计、平台开发、功能定位、产品规划等相关工作。

（二）率先推出"佣金宝"

2014年2月20日国金证券与腾讯推出第一个产品"佣金宝"。它是证券业首个"1 + 1 + 1"互联网证券服务产品，即"万二佣金率的股票交易服务"＋"股票账户内闲置现金的理财服务"＋"高价值的咨询产品服务"。国金证券通过电脑及手机为客户提供7×24小时网上开户，成功开户后享受"万分之二"交易佣金宝（2014年5月20日零时起，"佣金宝"新开户客户佣金上调至万分之二点五，2014年5月20日零时前开户的股民，仍享受万分之二的沪深A股、基金交易佣金率）。网上开户后，客户将开通国金证券通用开放式基金账户，该账户可参与"金腾通"货币基金的自动申赎，不影响客户正常交易并可提高闲置资金利用率。同时"佣金宝"客户可享受国金证券总部与其他营业部联动服务的待遇，客户经理将提供高品质咨询服务，帮助客户在股市获取收益。"佣金宝"推出后，国金证券2014年1季度经纪业务收入达到1.6亿元，同比增长18.5%。

（三）布局C型营业部

所谓C型营业部，指的是在营业场所内未部署与现场交易服务相关的信息系统且不提供现场交易服务的营业部。与传统营业部相比，C型营业部筹建周期短、信息系统以及人员架构相对简单，可打破传统营业部的模式，向客户提供一体化投资理财、产品销售和现场投资咨询服务，实现由传统营业部向财务管理平台的转型。国金证券公告称2014年公司将继续加速布局C型营业部，同时发行25亿元可转债，公司新增网点和资金将主要服务于融资融券和财富管理等创新业务，这将有助于国金证券挖掘高净值客户资源。对于品牌优势突出，综合业务能力较强的证券公司来说，新设C型营业部不仅可以低成本扩张营业网点，延伸证券营销服务的触角，还能发挥代客买卖金融产品以及推出个性化理财服务的作用。

三、互联网金融背景下国金证券SWOT分析

（一）优势分析

1. 依托腾讯公司渠道和流量进行营销

虽然证券行业不断地改革和发展，创新业务正快速成长，但经纪业务仍然是当前各证券公司最主要的收入和利润来源。而经纪业务由于同质化高、差异性小的特点，决定了渠道是经纪业务中最重要的一个环节。腾讯公司作为国内最大的互联网综合服务企业之一，拥有众多的网站独立访问用户和即时通信服务活跃账户。国金证券与腾讯展开战略合作期间，腾讯将为国金证券佣金宝开放核心广告资源，并协助其用户流量导入通行证券在线开户和交易，腾讯通过流量平台为国金证券及佣金宝提供持续的用户关注度以开发更多的目标客户和潜在客户。

2. 核心产品竞争力突出

佣金宝作为国金证券核心产品，具有鲜明的竞争优势。"佣金宝"通过电脑和手机提供7×24小时的非现场开户服务，开户成功后享受万分之二点五的佣金率；佣金宝开

户后客户保证金与国金通用货币基金的对接，保证金余额可自动申购货币基金，在不影响股票交易的情况下实现闲置资金增值；佣金宝客户还将享受国金证券总部和各营业部提供的投资咨询服务。佣金宝的这三大特性使得国金证券在互联网金融背景下对客户群进行了有效的细分，通过明确的产品定位抢占了目标客户群，尤其是吸引了对佣金率敏感同时对咨询服务有要求的投资者。

3. 人才素质较高，创新能力较强

国金证券拥有一个分工合理、成熟精干、反应灵敏的专业团队，核心管理人员和技术人员稳定。2014年底国金证券共有员工2265人，本科及本科以上学历人员1767人，占比78%。公司研究分析人员水平突出，在2013年度券商投资咨询业务总和收入的排名中，国金证券排名高居第四。在高素养、高水平人才队伍支持的基础上，国金证券通过人力资源优化、绩效目标考核、薪酬体制激励，不断激发公司的创新能力。2014年国金证券获得了"2013年度最具创新力机构和2013中国互联网金融领军榜百强品牌"等殊荣。

（二）劣势分析

1. 营业部网点较少，业务功能受限

截至2014年底，国金证券共有36家营业部。相对于其他大型券商，数量并不算多，其中18家集中在四川省内，而在幅员辽阔的东北和西北地区都只有一家营业部，人口密度较大的中部地区的湖北、江西和安徽，则没有一家营业部。佣金宝的客户部落户到了上海西藏中路营业部，且仅开通了基本功能。依据当前的业务政策和规则，佣金宝用户如果要变更三方存管、进行密码挂失、开通创业板、开通股指期货、期权等业务则需要客户到国金证券营业部临时办理。

2. 佣金率下降趋势明显，低价格竞争的效力下降

国金证券依靠佣金宝的特色抢占了不少客户，但这也是一把双刃剑，佣金宝万分之二点五的低佣金率会拉低公司的平均佣金水平。国金证券老客户的佣金率普遍高于万分之二点五，这种不对称的佣金让老客户感到不公和不满，降低佣金的需求强烈。而一人一户的政策放开，使得已有证券账户的投资者在各证券公司之间的转户、再开户几乎没有门槛，在当前残酷的客户资源争夺战中，国金证券平均佣金率下降趋势不可避免。

3. 客户保证金财富管理水平需要提升

为国金证券客户保证金理财的国金通用是一家2011年底成立的规模较小的基金公司，根据好买基金网数据显示，截至2014年底拥有基金经理4人、基金数量13只，基金总规模91亿元。相比于华夏、嘉实、易方达等老牌基金和后来居上的天弘基金，国金通用不仅在管理规模、组织机构设计、投资经验、抵御风险等能力上有着明显的不足，而且国金通用的基金收益率也处于落后位置。这也将限制着国金证券为客户保证金进行财富管理的服务，不利于公司向差异化财富管理的转型。

（三）机遇分析

1. 国家和管理层支持资本市场发展

党的十八届三中全会明确提出"发展普惠金融，鼓励金融创新，健全多层次资本

市场体系"。一带一路战略规划作为国家新一轮开放和走出去的战略重点，为以直接融资为代表的资本市场提供新的发展动力。近些年来在国民经济持续稳定增长的同时我国证券市场规模也不断扩大，创新十分活跃。随着资产证券化、优先股试点、并购重组分道制等创新业务的细则和操作办法逐步明确以及券商创新大会的召开，港股交易通道的打开，个股期权和股指期权等交易品种的推出，证券行业将迎来全面发展的新阶段。

2. 居民投资意识增强，投资需求提高

互联网金融以其低门槛、高效率、品种多、覆盖广的特性受到广大居民的喜要，互联网金融改变着居民传统的偏爱银行储蓄存款的思维方式，而培养着居民通过投资、理财进行财富管理的意识。2014年，由于受经济下行压力以及基准利率下调影响，银行理财产品、互联网货币基金、P2P网络借贷等各大产品收益率都有所降低。受投资者寻求财富增值的动机驱动，货币政策有所宽松以及股市行情回暖的推动，投资者对证券市场的投资热情逐渐高涨，证券投资需求明显增加。

3. 中小散户的长尾效应

根据中登公司的数据显示，截至2014年底，沪深两市持仓A股账户数达5412万户。面对一个存储和流通如此海量的目标客户群体，长尾效应的影响不可忽视。而一人一户政策的放开，更会使佣金宝的竞争力凸显，国金证券会挖掘一批原本在其他券商开过户，但却得不到优质待遇的中小散户。这部分客户不但会是国金证券重要的利润增长源泉，更会为其带来宝贵的人气和口碑。

（四）威胁分析

1. 证券行业竞争激烈

佣金宝获得成功的同时，其他各券商纷纷采取相应的行动进行反击。中山证券与腾讯战略合作联手推出的移动金融平台"零佣通"，喊出了"炒股零佣金"的口号。华泰证券宣布牵手网易，共同布局互联网金融。东方证券与阿里巴巴频繁接触，东海证券和新浪谋求合作。随着互联网金融的不断渗透，各券商的经营策略也在不断地调整，未来将会有更多的竞争对手给国金证券带来挑战。

2. 金融行业混业经营

金融行业混业经营是全球性趋势，也是中国金融市场发展的现实需要。2015年3月证监会表示正研究向银行机构发放证券经营牌照，未来中国金融行业也可能走上混业经营的道路。而当前国内金融行业格局是商业银行尤其是四大国有银行的规模巨大，一旦银行涉足到证券行业，就会对现有的证券行业，尤其是对中小证券公司造成巨大的冲击。

3. 各券商并购重组导致资源集中

近年来，证券行业发生了一系列并购重组活动，方正证券合并民族证券，国泰君安收购上海证券，申银万国和宏源证券合并重组等，表明我国证券行业的激烈竞争导致了行业资源整合的加剧，通过并购重组而来的证券公司将在资产规模、业务范围、运营成本、信息技术等多方面形成优势，使得更多的资源向大型证券公司集中。

【思考研究题】

1. 国金证券互联网化战略选择有什么成效？试从股票行情的角度予以分析。

2. 中小型券商互联网化，选择腾讯、阿里巴巴等巨头作为合作伙伴的理论逻辑是什么？

3. 券商互联网化，行业佣金是否必然下降？如何扩大盈利？

案例八：腾讯乐捐

一、众筹简介

众筹，利用互联网和 SNS 传播的特性，让小企业、艺术家或个人对公众展示他们的创意，争取大家的关注和支持，进而获得所需要的资金援助，是在互联网技术发展下的形成的一种投融资活动。

众筹可分为捐赠众筹融资，债务众筹融资，股权众筹融资和奖励众筹融资。

捐赠众筹融资。捐赠者的主要动机是社会性的，并希望长期保持这种捐赠关系，金额相对较小，包括教育、社团、宗教、健康、环境、社会等方面。

债务众筹融资。企业（或个人）通过众筹平台向若干出资者借款，可能付息，也可能不付息。一些平台起到中间人的作用，甚至还担当还款的责任。如果是社会公益项目，可能无利息借贷。

股权众筹融资。股权众筹融资常用于初创企业或中小企业的开始阶段，尤其在软件、网络公司、计算机和通讯、消费产品、媒体等企业中应用比较广泛。

奖励众筹融资：是指项目发起人在筹集款项时，投资人可能获得非金融性奖励作为回报。如，VIP 资格、印有标志的 T 恤等。通常这种奖励并不是增值的象征，也不是必须履行的责任，更不是对商品的销售。奖励众筹融资通常应用于创新项目的产品融资，尤其是对电影、音乐以及技术产品的融资。

根据东方财富的统计资料，以上融资形式对应金额的大致比例是 28%、14%、15%、43%。说明以产品、服务等形式予以回报的众筹占了近一半的比例。

二、腾讯乐捐简介

腾讯乐捐是公益众筹平台。

腾讯乐捐是腾讯公益推出的公益项目自主发布平台，它包括发起、捐赠、互动与监督等功能。腾讯乐捐为个人实名认证用户、非公募机构和公募机构自主发起公益项目提供服务。公益项目通过审核后，会在线上公开募款。项目开始后，主办方会及时反馈项目执行进展，并接受公众监督。个人用户可通过该平台选择自己支持的公益项目，自主选择捐款金额进行捐款。

三、腾讯乐捐的工作流程

腾讯乐捐的工作流程不是非常复杂，大体上分为六个阶段。如图（1-1）：

图1 腾讯乐捐工作流程

第一阶段是注册阶段。个人用户提交真实可靠的资料进行实名认证；公益机构则提交所需机构资料完成注册。

第二阶段是发起阶段。通过实名认证的用户和在乐捐平台注册的公益机构可以发起公益项目，需要在线提交项目图文内容。

第三阶段是审核阶段。公募机构审核的结果会在四个工作日内得到反馈。审核的内容包括五点：1. 内容真实，准确，积极，不含极端暴力或其他不适合公众传播内容；2. 项目文字详细具体，清楚通顺，项目图片质量符合发布要求；3. 募款项目具有执行的实操性（包括执行周期，执行地和执行方式等）；4. 项目执行结果能够面向公众清楚具体地进行反馈；5. 项目不涉及任何商业营销和非公益炒作目的。

第四阶段是募捐阶段。项目会在腾讯乐捐平台上线，网友在网站上可以看到相关条目，按照自己的喜好对关注的项目进行捐款活动。募款期间，项目执行方如果开始执行项目，可以更新项目进展。个人或非公募机构发起的项目，在募款完成后，执行方须填写由所支持的公募机构提供的项目协议。公募机构在收到执行方寄回的项目协议后，在其公示的时间内向发起方拨款。

第五阶段是执行阶段。在此阶段项目执行方接受善款并执行项目，及时提交项目进展。如果发起方为公募机构，将遵循项目管理中的拨款流程，每一笔善款直接进入公募机构的财付通账户。倘若发起方为个人或非公募机构，接收善款的非公募机构与发起方确认并执行拨款流程。

第六阶段是结项阶段。乐捐项目执行结束后，由发起方、执行方和公募机构（或非公募机构、个人）负责提供项目结项报告，面对所有爱心用户反馈款项使用细节和执行结果，进行结项汇报。此过程会对所有爱心用户全程公开，并接受爱心用户的监督。

通过以上六个步骤，一个完整的项目便能够完成运行。

【思考研究题】

1. 腾讯乐捐诞生的历史背景如何？
2. 腾讯乐捐的捐款流程是否能保证慈善款项不被挪用、截流？
3. 我国传统的慈善捐赠流程存在哪些不足？如何改进？
4. 我国为什么要对慈善行业进行管制？目前是如何管制的？

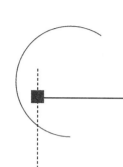

案例九：人人投网站

人人投直属于北京飞度网络科技有限公司，是专注于股权众筹的网络平台，为实体企业提供融资服务，帮助融资方快速融资开分店，帮助投资人找到优质项目，旨在为投资人和融资者搭建一个公平、透明、安全、高效的互联网金融服务平台。

人人投平台针对的项目是身边特色店铺，投资人主要是草根投资者。同时人人平台的项目必须具备有 2 个店以上的实体体验店，开设新店的项目方至少要出融资总额的 10% 金额。人人投凭借有力的推广平台让项目方在线融资的同时也在进行品牌宣传。

一、项目方操作流程

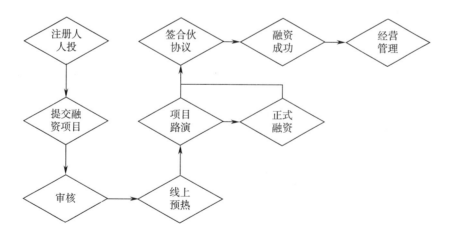

作为一个申请融资的项目方，首先需要在人人投上面注册，点击"创建项目快速融资"提交项目资料。人人投团队进行审核，通过后上线预热。开始预热，通过媒体、微博、微信进行宣传推广。随后进行项目路演，就是投资人和项目方见面，通过提交的项目资料，进一步了解项目方及项目的实际情况，同时也是对项目可投性进行一次真实的考验。如果在项目路演中没有融到融资总额，可以继续正式融资，正式融资的时间为 30

天。融资成功，人人投收取5%的居间费；融资失败，人人投不收取任何费用。融资成功后，项目方和投资人签订合伙协议，共同建立一个有限合伙企业。融后服务，第三方代持机构提供选址装修和保险等服务。

以现有实体店铺，想再开一家分店为例：第一步，与人人投达成合作协议，并通过人人投项目审核项目包装流程（视频、图片、文案等）确定融资需求发布；第二步，项目上线后，进入预热状态并逐渐达到一定热度值。人人投通知项目方打款（≥10%融资总额），资金将打到与人人投合作的第三方支付平台——易宝支付，由易宝支付暂时保管；第三步，人人投组织线下路演，路演中确认投资的投资人提前线上打款，如成功融满融资额，则需要双方线下签署《合作协议》，如成功未融满融资额，开始30天线上融资流程；第四步，线上融资完成后，还需融资方与投资方线下签署《合作协议》，融资方提取融资款开店，正式运营，定期财报披露、按协议规定分红。

二、投资人操作流程

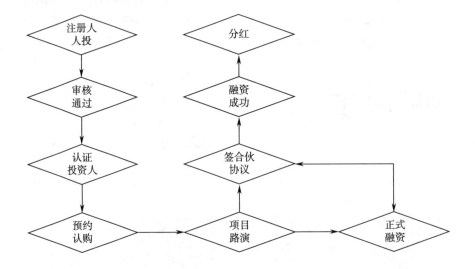

三、案例："逸刻公寓"项目

融资计划

融资总额	￥18万元
起投金额	￥3000元
项目保证金	无
投资人数量	要求≤60人
本期店铺数量	3（个）
店铺落地地区	沈阳浑南新区等
项目总周期	2年

融资项目介绍

融资金额：融资18万元，单笔投资金额3000元

投资收益：预期年化收益率15%（固定收益+浮动收益）

固定收益：年化收益率12%

浮动收益：根据营业额浮动，预期年化收益率3%

本期店铺数量：3套

项目落地地区：沈阳市区

回购周期：2年

收益方案

预期收益	固定回报	固定收益：年化收益率12%
		回报周期：按月
		起始时间：从第一笔放款日计算
	浮动回报	浮动收益：根据营业额浮动，预期年化收益率3%
		回报周期：按月
		起始时间：从项目经营之日（≤3个月）计算
	其他回报	

项目情况

项目类别：收益权

所属行业：生活服务/其他

项目地点：辽宁省沈阳

预计年化：14%～15%

已融资金额：¥18万元

融资完成：100%

已有投资人：43位

融资成功时间：2016－03－17

该项目一期取得了成功。"房屋全程托管＋宜家标准装修＋高效租后服务"的租房模式，以及"O2O＋产品标准化、服务品牌化、居住社交化"的运营模式，解决了传统租房市场中存在的问题。

二期于2016年4月28日晚8点正式开启融资。

【思考研究题】

1. 列举人人投网站的一个成功案例。

2. 人人投网站的产品有哪些？

3. 您认为制约众筹发展的主要因素有哪些？

4. 为什么众筹网站的发展达不到行业预期？

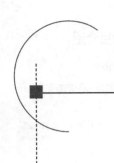

案例十：Kickstarter

一、联合国众筹项目

2015 年 10 月 13 日，联合国难民署在 Kickstarter 的众筹项目结束了，7 天筹得 177.7 万美元。

"联合国难民署正在努力补救一个全球性危机。你可以伸出援助之手。"——作为 Kickstarter 宣布转型公益企业来的第一个公益项目，Kickstarter 与联合国难民署共同发起了这次旨在帮助叙利亚难民的募款。

除了在首页的活动图，在其他项目的页面中也露出了硕大的蓝色横条，占据网页 1/10 的空间，提醒大家帮助难民。

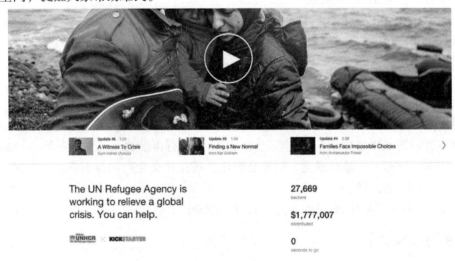

图 1　Kickstarter 网站

二、Kickstarter 简介

Kickstarter2009 年 4 月在美国纽约成立，是一个专为具有创意方案企业筹资的众筹网站平台。发起人在互联网上发布创意，形式不限，以各种方式吸引大众为其捐助金钱。

在新闻报道中，Kickstarter 往往和智能硬件产品同时出现，而国内的效仿者点名时间、京东众筹等看起来几乎等同智能硬件线上商城。但在 Kickstarter 成立的六年多时间里，硬件科技产品却不是主流。作为全球知名的众筹平台，文化创意产业融资是 Kickstarter 平台起步的主要内容，目前也依然是其核心业务。

三、众筹流程

首先发起人需要保证项目符合 Kickstarter 的分类，因为这个网站通常只接受创意的项目，如果你的项目是关于硬件的，还需要有实物原型以及制造计划。

然后，发起人还需要向 Kickstarter 提交一份完整的项目策划，例如是一个能通过太阳能充电的手机壳，就需要提交这个手机壳的详细信息参数、制造计划、截图、原型、回馈方案等，最好还有一个吸引人的视频。通过 Kickstarter 的审核后，再确定项目的最低募资金额和截止日期。

最后就是宣传和等待了。如果项目失败，所有金额就原数退回，发起人一分钱也得不到。如成功，Kickstarter 在扣除 5% 的手续费后，会将筹款转给项目发起人。

四、项目分布

根据公开资料，音乐、艺术、影视类是 Kickstarter 上最大的类别，成功募捐项目占到一半以上，而游戏类则常年占据募捐数最多的宝座。

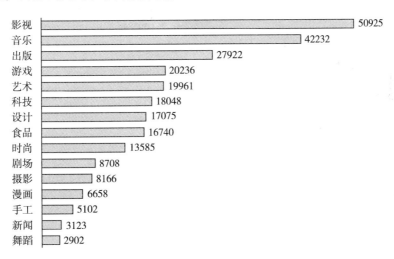

图 2　Kickstarter 各类别项目数量

（一）项目数量分布

音乐人 Amanda Palmer，曾做过一个主题为"The Art of Asking"的 TED 演讲，讲述她在 Kickstarter 上众筹新专辑，最后得到了 120 万美元的支持的故事。项目成功后她为了回馈支持者，还另外举办歌迷家庭聚会，并完成了巡演的梦想。

也有人在上面为了众筹个性 T 恤、书本、绘画、纪录片等，例如记者 Anderson 靠 Kickstarter 完成了独立电影 Wish I Was Here 的拍摄，并在影院上线；母亲薛晓岚将教导孩子中文的经验出版成书，并获得了设计杂志《Wallpaper》的年度生活革新奖。

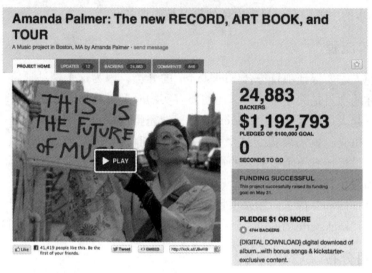

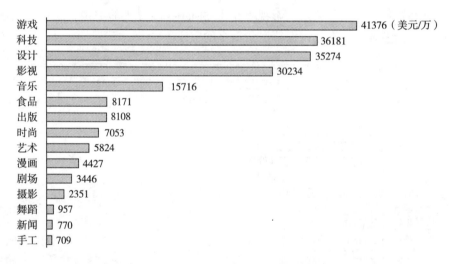

图 3　Kickstarter 各类别项目总募资金额

（二）项目金额分布

在 Kickstarter 募资最多的前 20 项目中，前三名都是科技类的硬件。如 2015 年的 Pebble Time 和 2012 年的 Pebble 第一代产品、Coolest Cooler 等。

（三）项目筹款成功率分布

科技类的项目成功率只有 20%，是所有项目里最低的。科技硬件类项目呈现出明显差异，获得大量媒体报道的人气项目聚集了大部分的资金，而其他项目大多会失败。

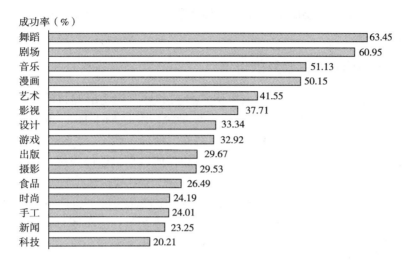

图 4　Kickstarter 各类别项目筹款成功率排行

（四）Kickstar 最成功的 20 个项目

图 5　Kickstarter 目前最成功的前 20 个项目

两次打破 Kickstarter 众筹纪录的 Pebble 智能手表可能是最耳熟能详的例子。2012 年 4 月，创始人 Eric Migicovsky 和团队无法为自己的硬件创业项目 Pebble 拿到风险投资，只好试着将产品放上 Kickstarter 众筹。

出乎意料的是，两小时内他们就完成了 10 万美元的筹款，一天过后就突破了 100 万美元，最后他们完成了 1026 万美元筹款。

三年前，硅谷地区的风险投资人对智能手表稍显犹豫，认为这还是个未被证明的市场。尽管毕业于全球影响力最大的创业孵化器 Y Combinator，但 Pebble 还是拿不到投资。走投无路的 Pebble 却在 Kickstarter 上筹到了资金，推出了两代产品。虽然智能手表有没有未来还不知道，但超过数十万 Pebble 用户正是因为众筹的存在才有可能买到自己想要

的手表。并不是每个人想要的东西都适合其他数亿人，Kickstarter 让这些小众的梦想有机会变成现实。

五、Kickstarter 项目众筹的价值

Kickstarter 最初成立的目的是为大牌唱片公司和好莱坞不愿侧目的音乐与电影项目以及艺术、戏剧、连环画和时尚项目提供一个平台，因此 Kickstarter 鼓励的，是那些不会被摆在超市货架上的，制造于工厂流水线之外的项目。

它提供一个展示和募资平台，不参与项目的任何过程，任何人都可以登陆网站展现他们的创意。每个项目或产品都由发明者自己负责，专利权也属于发明者。

在 Kickstarter "全部或者零" 规则下，如果一个产品失败，也许就说明这个产品能吸引的用户过少，相当于市场调研。如果一个产品成功了，那么发起人就得到一笔早期资金，为实现自己的创意踏出第一步。而项目投资人作为产品的第一批用户，也能获得创造某个事物的参与感和自豪感，他们可以在社区向发明者提出建议，并向身边的人推广。

六、Kickstarter 的盈利

（一）Kickstarter 靠手续费盈利

Kickstarter 从每一笔成功项目中征收 5% 的手续费。截至 2015 年底，公司收入约有 1 亿美元，已有 93925 个项目成功筹到目标金额，总额超过 20 亿美元。根据创始人接受《纽约时报》采访时的说法，过去三年，Kickstarter 每年净赚 500 万~1000 万美元。

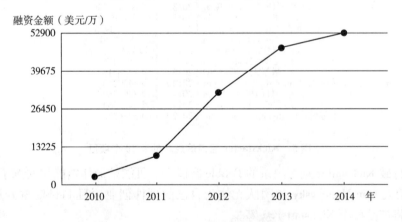

图　**Kickstarter 逐年融资总额**

目前 Kickstarter 只在 2011 年进行一轮 1100 万美元的融资，投资人包括 Twitter 的新 CEO 杰克·多西、知名创业者投资人 Chris Dixon 等。同在纽约的热门创业明星 Foursquare 同样在 2009 年创立，以每年一轮的节奏已经融资 6 轮，总计 1.6 亿美元，但还没开始盈利。

Kickstarter 没有寻求更多融资，尽管催生了很多其他众筹模式，但 Kickstarter 并没有

试图进入这些市场，没有进行扩张和上市的打算。创始人、投资人、员工获得的回报丰厚，赚钱不是 Kickstarter 的目标。

（二）Kickstarter 没有通过成功企业的股权获利

绝大多数公司起步之后便不再需要继续通过 Kickstarter 平台来继续融资。通过 Kickstarter 证明自己的项目，其中有少数团队成长起来，甚至被收购，但 Kickstarter 提供的投资并不占有股份，因此不能够像风险投资一样，随着这些公司的成长而赚到钱。

从 Kickstarter 获得第一笔资金的虚拟现实项目 Oculus Rift 可能是另一个更有说服力的例子。2012 年，Oculus Rift 在 Kickstarter 上筹得 250 万美元，用这笔钱做出了第一个开发原型。靠着这笔钱，Oculus 的团队一路发展到被 Facebook 以 20 亿美元收购。假如它的早期投资者像 Y Combinator 孵化器的标准做法一样，抽取 7% 的股权，就能在收购时获得 1.4 亿美元。但无论是 Kickstarter 还是那些早期投资人，都没有从 Facebook 的交易中拿到一分钱。

Kickstarter 大多数筹到的金额在 1000～9000 美元之间，目前 Kickstarter 上募资超过 100 万美元的项目为 127 个，只占总成功项目的 0.01%。

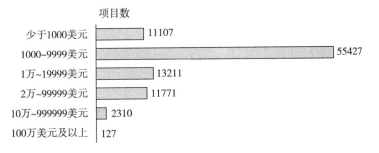

Kickstarter 项目募资金额分布

对于成规模的公司而言，通过 Kickstarter 实验想法、进行宣传的意义更大。因此尽管 Kickstarter 的项目数、投资人、融资金额每年都在提升，但 Kickstarter 的收入并不会呈现爆发性增长。

【思考研究题】

1. Kickstarter 主要业务分布说明了什么？
2. Kickstarter 是否是公益企业？为什么？
3. Kichstarter 如何盈利？是否有改进之处？

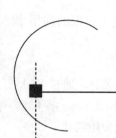

案例十一：众安保险

一、众安保险公司概况

（一）基本信息

1. 全称：众安在线财产保险股份有限公司

2. 成立时间：2013年2月通过保监会的审批，同年11月6日正式上线，是国内首家互联网保险公司。

3. 总部地点：上海

4. 注册资本：12.40625亿元人民币

5. 经营范围：

（1）与互联网交易直接相关的企业/家庭财产保险、货运保险、责任保险、信用保证保险；

（2）短期健康/意外伤害保险；

（3）机动车保险，包括机动车交通事故责任强制保险和机动车商业保险；

（4）上述业务的再保险分出业务；

（5）国家法律、法规允许的保险资金运用业务；保险信息服务业务；经中国保监会批准的其他业务。

（6）特色：众安保险完全颠覆了我国现有的保险营销理赔模式，不设任何分支机构，只做线上业务，完全通过互联网进行在线承保和理赔服务。

（二）业务布局

1. 电子商务。账户安全、交易安全、服务争议、质量保证。为解决商家的信誉、商品的品质、商品的真伪、服务的可信度，以及物流过程中商品的丢失、损坏和延误等引发的问题，作为保险公司为买家、卖家和电子商务平台提供保障。

2. 移动支付。随着二维码支付、声波支付等各类创新支付手段的发展，存在新的避险需求。

3. 信用保证保险。众安保险公司可以为有信誉的商家和个人提供信用保证保险，帮助中小企业解决融资问题。

（三）组成结构

众安保险是阿里巴巴马云、中国平安马明哲、腾讯马化腾"三马"联手设立的首家互联网保险公司。

（四）发展状况

1. 规模不断扩大。2015 年 6 月，成立仅 17 个月的众安保险获得 57.75 亿元的 A 轮融资，新增摩根士丹利、中金、鼎晖投资、赛富基金、凯斯博 5 家财务投资机构，估值达到 500 亿元。2015 年 12 月，澳大利亚知名金融科技风投机构 H2 Ventures 联手 KPMG（毕马威）发布的全球金融科技百强榜，众安保险摘得桂冠。

2. 产品种类不断创新。在全新的互联网保险领域，作为拓荒者，众安保险最初从电商场景切入业务，从退货运费险、保证金保险等创新型产品起步，如今已完成投资型产品、信保产品、健康险、车险、开放平台、航旅及商险等多个事业线的搭建，开发了步步保、糖小贝、摇一摇航空延误险、维小宝、极有家综合保障服务等 200 多款产品，并推出了国内首个 O2O 互联网车险品牌保骉车险。

3. 业务发展迅速。截至 2016 年 3 月 31 日，众安保险累计服务客户数量超过 3.91 亿，保单数量超过 41.69 亿，在 2015 年双十一，更是创造了 2 亿张保单、1.28 亿元保费的纪录。

二、众安保险优势分析

（一）"三马"合作，优势互补

1. 阿里巴巴：拥有最大的电商平台，提供了可信的交易平台。

阿里巴巴旗下的淘宝作为最大的网购平台，拥有大量企业及个人客户作为财产保险的销售群体，其交易与支付方式也是研发保险业与互联网结合的新产品的关键载体，将购物、网络支付与保险相结合，必然能够博得广大用户群的青睐。同时阿里巴巴还掌握着大量客户群的信用水平和交易记录，这成为众安保险研发新产品的重要资料库。

2. 中国平安：拥有强大的专业实力。

中国平安本是中国第二大寿险和产险公司，具备多样的产品和强大的专业实力。并且，中国平安擅长于发掘保险产品市场需求、保险产品设计、保险费率厘定、保险产品定价、保险准备金提取，加上旗下庞大的开发、精算、销售及理赔团队，便成为保险业实现与互联网相结合从而达到创新的坚实基础，可为众安保险产品供应提供强大保障。

3. 腾讯：拥有 6 亿巨量微信客户的企鹅帝国。

腾讯一直致力于扩充用户基数，在 CEO 马化腾眼中，互联网的未来可能会与所有行业相结合，而广泛的网络用户基础、媒体资源和营销渠道均是其涉足保险业的优势所在，为未来众安保险的发展和推广铺平了道路。

众安保险的股东，除了阿里巴巴（持众安保险 19% 股份，第一大股东）、（并列为第二大股东、各持 15% 的股份中国平安和腾讯）之外，还有携程、优孚等六家在网络科技上也具有一定资源及人才优势的中小股东。

（二）其他优势

1. 不设分支机构，人员以及销售成本低。

铺设网点的成本支出，往往在传统财产保险公司的支出中占据了很大比例。由于没有分支机构，众安在线的员工数量极少，而其中超过 40% 来自互联网行业，较传统财产保险公司更具成本优势。

2. O2O 模式突破了时空的限制。

在渠道的选择上，众安在线完全摒弃传统的保险代理人模式与电话营销等商业模式。众安在线的产品与服务全部展现在网站上，可以为客户提供 365 天，每天 24 小时不间断的保险服务。无论何时何地，只要客户愿意，就可以登陆其网站主动地在网上提出购买保险申请或者理赔申请，享受互联网保险的 4A 服务。这一过程，是客户主动找到众安在线而不是被动地接受服务，真正实现了 O2O 模式。

3. 大数据的支持。

对于众安在线来说，依托阿里和腾讯，技术领域已经抢占了先机，潜在的客户群也比较容易获得，这意味着客户的搜寻成本大大降低，营销的精准度大大提高。

4. 网民数量急剧膨胀，网购深入人心。

根据中国互联网络信息中心（CNNIC）发布的第 33 次《中国互联网络发展状况统计报告》，截至 2013 年 12 月底，中国网民规模已经达到 6.18 亿人，其中网络购物的用户规模已经达到 3.05 亿人，网民渗透率即网民使用网络购物的比例已经达到 44.79%。我国网络保险市场前景较好。

从 2010 到 2013 年，我国互联网保险的保费收入从 84.2 亿元逐年攀升至 291.15 亿元。据预测，到 2020 年，中国保险业互联网渠道份额占比将达 20%。我国网络保险用户以年轻人居多，其中 18~24 岁人群、25~30 岁人群以及 31 ~ 35 岁人群占比分别达到 27.2%、31.5% 和 16.9%。在所有网络保险的用户中，男性人群占 67%。这部分人群受教育程度较高，对网络购物和在线支付流程比较熟悉。另外这部分人群大部分处于职业的上升期，拥有相对稳定的收入，也具有一定的保险购买需求。

三、创新思路与产品案例

（一）产品创新

1. 设计创新。简化产品形态，更贴合场景，易理解，易销售。

（1）场景化，产品融入业务流程。例如在旅游网站销售旅行意外险、天气险等。

（2）细碎化，利用互联网低成本优势，设计更细碎的产品，降低保险门槛，满足更细分需求。

（3）定制化，结合互联网新兴业务形态，根据合作伙伴需要，研发定制产品。

2. 组织创新。众安组织架构是蜂巢式的运行机制和精简高效的组织架构。

（1）蜂巢式的运行机制（图 1）。以产品经理为核心，团队和人员架构需要围绕着产品经理来搭建，以此完成高效率的产品研发环节以及后续环节，类似于一个蜂窝组织，多条线运作，机制灵活。这种蜂窝组织不是一条线的方式在运作，而是围绕每个项目来做，每个蜂窝里面有各个部门的人加入进来。众安保险的产品经理人数比例接近20%，每个细分的产品都由产品经理直接负责，从需求到市场论证，从保险条款制定到开发上线，以及后端的产品运营，产品经理需要在公司内外协调资源。每个项目都是一个单独的项目组，这样公司可以有更快的反应速度。而产品经理的职责覆盖从需求到产品的形成、开发、后台、条款、合同、精算，所有的产品都是产品经理全程跟踪的，甚至到这个产品上线以后的运作、迭代等（图1）。

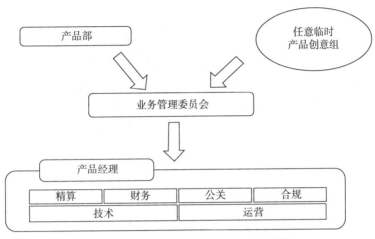

图1　众安保险的产品创新的组织创新图

（2）精简高效的组织架构（图2）。总经理下设 COO（首席运营官）、CTO（首席技术官）、CRO（首席风险官）等副总经理职位，每个副总负责几个事业部。部门有运营、技术、法务、精算、财务、市场等。

正是因为这种高效的组织架构。一款保险产品从需求提出到上线，只需要 15 天的时间。产品的上线流程被众安保险内部称为"业管会"，这是一套融合了各个部门在内的产品立项的讨论和决策机制，决策速度很快。

3. 理念创新。做有温度的保险。众安保险致力于不断完善用户体验，创造出充满人文关怀的、温情的、让人舒服的产品。

（1）改变国民的保险需求。将产品嵌入互联网的交易场景中，以新鲜且贴近交易的方式激发用户对保险和风险管理的需求，加之价格较低的客单价，令消费者更为容易接受此类险种。比如说众安在淘宝交易中嵌入退费险，与小米合作的碎屏险等。此环节，众安通过呼叫中心给消费者提供便捷的咨询服务。

（2）拒绝骚扰。众安保险在呼叫中心上的业务，主要以呼入为主，少量的外呼也是只对客户的回访，这也就是说众安放弃了传统保险公司普遍采用的，呼叫中心电销模式的营销，反而主要依靠自有网站的直销，以及与互联网平台商家合作的嵌入式场景交易，无缝接入场景，直面客户，交叉销售。在营销方面，呼叫中心更多的是发挥答疑解惑的作用。

（3）有温度的"理赔"环节。众安保险在后台与第三方公司进行系统对接，通过大

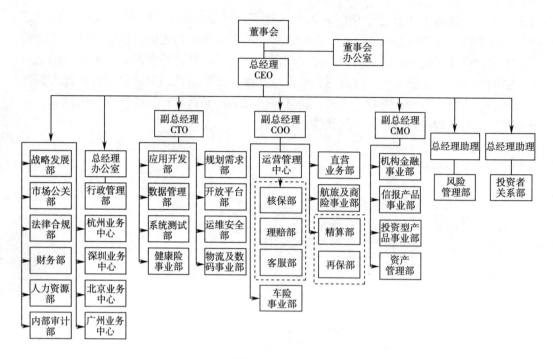

图2　精简高效的组织结构图

数据实现自动理赔。比如航班延误险，在传统保险中，航班延误险通常延误 4 小时以上才可以赔付，如果由于机场维修、流量控制等因素造成延误保险公司并不负责赔付。众安保险则将航班延误的时间改为 2 小时以上，且任何原因的延误均会赔付。如果航班延误将直接从第三方系统中获取延误信息，用户不需要做任何事情即可收到保险赔付，将流程缩减到最短。比如众安与小米合作的手机意外险项目，客户在出险后，第一时间拨打服务热线，众安根据客户的地理位置实施批单，把客户派到最近的维修网点，客户到达现场后，会通过众安与小米共同开发的系统上传照片，类似于车险一样先定损，然后照片会实时传到保险公司，在不缺物料的基础上一个小时内完成修理。由于这个环节的传统服务响应时间要以"数天"计，众安 pk 掉了传统保险公司。

（二）产品创新案例分析——步步保

2015 年 8 月 20 日，众安保险携手小米运动与乐动力 APP，推出国内首款与可穿戴设备及运动大数据结合的健康管理计划——步步保，把跑步"情怀"变现成了一种经济价值，全方位体现"为健康而跑"的终极目标。

1. 产品特色。

（1）先运动再定价，颠覆传统健康险。①传统健康险：先收保费，再提供补偿赔付。定价通常只有两个维度（性别和年龄），健康险定价基本相同，显然不尽合理。②步步保：鼓励用户优先运动，实现主动的自我健康管理。通过与可穿戴设备及运动大数据结合，根据用户的历史运动情况以及预期目标，进行动态定价，推荐不同保额档位的重大疾病保险保障（目前分档为 20 万元、15 万元、10 万元），用户历史平均步数越多，推荐保额就越高。

（2）运动可变现步数也可抵保费。产品申请日的次日会作为每月的固定结算日，只要每天运动步数达到设定目标，下月结算时就可以多免费 1 天。而保单生效后，每天运动的步数越多，下个月需要缴纳的保费就越少。鼓励大家在享受运动的同时主动管理健康。

2. 产品优势

这种以运动因子作为实际定价依据的保险服务，不但帮助用户降低了自己的疾病风险，保险公司也降低了赔付率，实现了双赢。

3. 产品展望

目前，步步保仅仅结合了跑步场景，吸引了运动、健康、年轻的高净值客户。未来，众安保险会将这套成功的经验移植到更多的运动型 APP 中，建立全方向、全时段的身体健康保障计划，比如减肥应用、身体状态综合管理等，让步步保真正成为一款贴身健康管家。让用户在享受运动的同时主动管理健康，实现真正的智能化互联网健康险和互联网寿险。

（三）营销模式创新

1. 嵌入式营销。产品贴近用户场景需要，购买过程无感化。

2. 基于数据，精准营销。基于用户行为习惯筛选客户，针对不同客户群体差别定价。

3. 用户社交，传播营销。事件性营销，社交化传播。

（四）运营创新

1. 人性化的客服手段。微信、QQ、旺旺、电话等。

2. 高度自动化的服务流程。包括在线承保、在线支付、自主批改、自主理赔等。

3. 基于数据的自动化风险控制。包括自动核保、自动核赔、反欺诈等。

（五）平台创新

1. 传统保险 VS 互联网保险（表 1）。

表1 传统保险与互联网保险的比较

	传统保险	互联网保险
系统架构	复杂化、集中式、重量级，无法支持大并发交易和海量数据	简单化、分布式可扩展、轻量级、支持大并发交易和海量数据
开发模式	外包为主、成本高、效率低，周期长	自主开发、高速迭代、快速满足市场需求
数据管理	报表为主、相对封闭	大数据思维；大数据挖掘、精准营销、个性化定价等；更高的安全性挑战

2. 平台原理图（图 3）。

平台注重业务场景注入、分布式扩展、自动化和大数据分析。

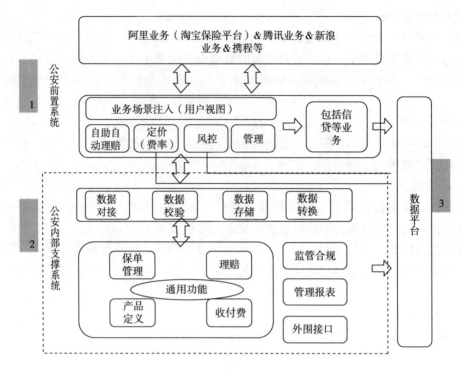

图3 众安保险平台原理图

四、众安保险面临的问题与发展建议

（一）面临的问题

1. 竞争愈加激烈。

（1）传统的保险公司，例如泰康、中国人寿、平安保险等多数有实力的保险公司，纷纷建立或完善自己的网站，优化客户体验。目前已有60余家保险公司开启了官网销售保险业务的模块。

（2）很多传统的保险公司也注重利用专业中介网站销售其保险产品，如和讯、网易、优保网、慧择网等，这些网站的功能类似于保险超市，为客户提供一站式服务，可以提供多家保险公司的产品和服务，专业化程度较高，种类也比较丰富，方便客户进行产品对比和筛选。

（3）保险兼业代理机构也进行保险销售，如银行以及其他具有网销兼代资格的网站（如旅行网、云网、福佑网等），这些网站集中销售短期意外保险或卡折式保单，也会分流一部分的客户。

（4）电子商务渠道，像淘宝、天猫、京东商城等网站也开设了保险频道。目前，已有近40家保险企业进驻淘宝网。

（5）其他竞争者及潜在进入者。如2014年2月，苏宁电器与苏宁云商携手，获得保险代理牌照，这也是我国首家具有全国专业保险代理资质的商业零售企业。2014

年3月，定位于网络车险的安盛天平保险公司成为我国第一家以网销为主的直销保险企业。

2. 倚重渠道和股东资源，自身优势不明显

数据显示，2014年众安保险的保费收入约7.94亿元，其中，与淘宝合作的退运险业务收入就有6.13亿元，占到了全部保费收入的77%。另外，在通过与互联网或非互联网公司合作以获取保险用户和场景的模式下，众安的用户群体可能并非为自己所有。

3. 投诉量高，小额、高频、碎片化对技术和运营能力要求更高。

（1）众安保险公司保险客户数超过6000万，而且都是中小型客户；一般做得比较好的传统财产保险公司客户数在2000万左右，且以大中型客户为主。两类公司面对的客户群体不同，在投诉量上的基数也不同。

（2）投诉量高。根据保监会的报告，众安保险在2015年上半年每亿元保费的投诉量为17.16件，位居所有财产保险公司第二名。

（3）绝大部分投诉涉及退货运费险的理赔时效和退保等方面。需要更高的技术处理能力、运营能力以及客户服务能力。未来，伴随众安更多样的高频、小额产品推出，众安将会面临更为复杂的售后处理难题。

4. 其他问题。

（1）信息与网络安全问题。主要防止信息泄露、网络诈骗等问题。

（2）大数据定价的精确性还不能保证。

（3）潜在的信用风险、政策风险等。

（二）发展建议

1. 坚持产品创新与服务升级。

大力开发新产品，特别是适合互联网营销的保险产品的研发，彻底改变目前我国互联网保险市场产品单一和缺乏专门为网上销售而设计的产品的状况。

2. 加强专业人才的储备。

保险公司间的竞争不仅局限于业务的竞争，能够进行数据分析与处理的专业人才未来也将是竞争的焦点之一，而且由于这一工作的可复制性，如何吸引并留住关键人才也是众安在线需要解决的一个问题。

3. 提供优质服务，打造企业的核心竞争力。

当前，财产保险公司已从最初的价格竞争逐步转向服务竞争，优质的客户服务将是企业打造核心竞争力的关键。如何吸引并留住客户则是其未来需要解决的一大问题，提供更加优质的、个性化的服务，提升企业的核心竞争力是其必经之路。

4. 推进网站建设，保障信息安全。

众安在线在网站的建设与信息安全领域必须先人一步，尽快建立良好的网络动态安全风险评估和监测体系，一方面确保投保人以及被保险人的隐私信息安全、支付环境安全，另一方面还要确保投保人或者被保险人免受互联网海量信息的干扰，为客户带来简单便捷的保险保障，轻松舒适的互联网保险消费体验。

【思考研究题】

1. 众安保险的创新表现在哪些方面？
2. 众安保险与传统保险机构相比，核心竞争力有哪些？
3. 众安保险的劣势有哪些？

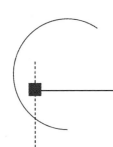

案例十二：京东金融

一、京东金融的业务模式

京东金融以"互联网＋零售商＋金融业务"的业务模式为基础，结合了互联网（快捷的信息传播、便捷的录入系统、高效率的流程、海量用户接入）、零售商（根植于生活、服务于生活、供应商消费者纽带、了解消费者真实需求）和金融业务（资源配置、信用系统、风险把控）三者的特性，将金融业务镶嵌到电商交易运作的过程中，形成一站式的服务平台。所以京东金融集互联网、零售商、金融业务三方的优势，可以深入了解客户消费习惯，了解客户消费需求，引导客户，发掘新型金融产品；可以将风险控制融入电商积累的大数据，建立新型金融信用系统；除此之外，较传统金融行业，在京东平台上办理业务更为快捷、便利，金融产品品种多样。

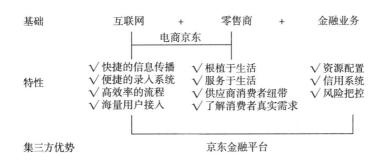

图1 京东金融业务模式

二、京东金融大数据处理模型

京东 B2C 十年，积累了大量的客户数据和消费记录、上万家供应商和供应商的销售数据和信用分析以及遍布全国的物流网络和物流数据。除此之外，京东金融还将互联网大数据（论坛、微博、甚至地理位置移动等社交媒体信息）、金融业务数据（金融集团系统内的信用数据，如京东白条、供应链金融等金融业务积累的信用数据）与零售商数据（商城系统内部的消费数据、物流数据、供应商数据）相结

合，从而形成京东金融大数据。通过对京东金融大数据的深入分析和理解，对用户的消费记录、配送信息、退货信息、购物评价等数据进行风险评级，京东不仅可以建立起一套独有信用体系，从而有效地进行风险控制，还可从数据中挖掘需求，满足需求，引导需求。

目前，依靠着自己强大的大数据实力，京东金融已经开始走出京东。不少传统金融机构看重京东大数据，在积极推进与京东的合作。通过合作，利用京东大数据进行风控，从而保证自己的利益。同时京东金融也愿意开放平台，与传统金融机构做连接，输出自身风控技术，在分享了渠道资源的同时也让整个市场的资金配置效率更高。

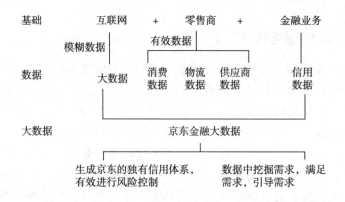

图2　京东金融大数据处理模型

三、京东金融业务板块及产品

（一）京东金融五大业务板块

1. 供应链金融业务（京保贝、京小贷）。
2. 支付业务（京东钱包、京东支付）。
3. 众筹业务（产品众筹、京东东家）。
4. 消费金融业务（白条）。
5. 平台业务（小金库、其他固收、权益产品）。

（二）京东金融生态圈

京东金融的业务完全是依托于零售业务来做的，他们为供应商和消费者提供一站式服务，用供应链金融打通上游供应商，用支付业务、消费金融打通下游消费者，最终形成一个金融生态圈。

通过生态圈里的金融业务，京东可以增加客户的黏度以及购买次数，将用户更好地捆绑在账户中。通过生态体系京东可以获得大量可靠数据，以此建立的风控机制让放款更加有效可控。

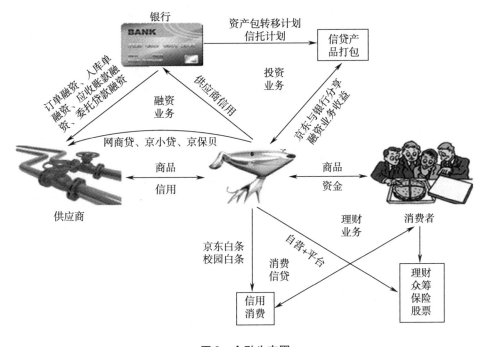

图3　金融生态圈

（三）京东白条

1. 白条简介。

白条是互联网金融第一款面向个人用户的信用支付产品，最简单的理解就是，基于京东平台的信用贷款或购物赊账服务，不同信用评估等级的用户，通过在线实时评估最高可获得1.5万元额度，延期付款最长可提供30天的免息期，还能进行最长12个月的分期付款。

2. 白条还款形式。

30天免息延后付款。

3～12个月分期付款。（分期付款的手续费为每期0.5%。即3期手续费为0.5%×3＝1.5%，6期为3%，12期手续费为6%。与京东合作的招商银行分期付款其3期、6期、12期的手续费分别是3%、4.2%和6%。）

逾期未还的用户将向京东支付违约金，费率在每日0.03%。京东会以短信、电话等方式适当提醒用户。

3. 白条优势。

（1）效率高，成本低。

相较于传统银行，白条的最大的亮点之一就是可以在1分钟内在线实时完成申请和授信过程，而服务费用仅为银行类似业务的一半。通过互联网压缩经营成本，把物理网点、人工审核、实体介质、营销人员的成本都节省下来，最终帮助用户降低金融

服务成本，在汇集用户的同时节省了大量的时间和费用，是互联网金融也是白条的最大优势。

（2）种类繁多且新颖。

白条包括京东白条、京东金条、白条联名卡、京东钢镚、旅游白条＋、安居白条＋、校园白条、汽车白条、京东金采、农村金融等多种产品，可以满足不同人群的不同需要。

在白条用户申请小白卡的时候，京东将用户优秀的信用记录和优秀模型的数据统计提供给合作银行，两三天之内就可给用户批下一张信用卡。用户通过京东金融积累的信用记录，在传统金融机构中能获得一项传统的金融服务，这是体现了传统金融机构对京东风控体系的认可，同时也是一种融合的金融生态，因为电商一定会比银行更早地接触到消费者。

（3）使用群体广。

大学生群体的网贷和消费需求非常旺盛，且违约率等方面指标显著低于正常值，但是根据相关规定，银行不可以向大学生发放信用卡。针对这一现象，京东金融推出校园白条，弥补了校园信用消费的空缺。

校园白条首先在北京、上海、广州和成都等四个城市展开业务，先期覆盖上万人。除了承袭京东白条的主要功能外，还针对大学生的特点推出了最高 24 期的分期还款，在微信服务号上使用银行卡还款等功能。

校园白条并不从信用消费中直接获取利益，如利息收入等，其更大的用意在于促进大学生在京东消费，沉淀消费习惯。

（四）京保贝

1. 京保贝简介。

京保贝是京东基于互联网基因（在线申请、审批、放款）、大数据基因（为客户提供量身定制的金融服务体验，实时提供融资信息，通过京东云向客户推送个性化融资建议）、京东基因（京东的全供应链优势转化为金融优势）推出的一项创新性快速融资业务。与此前和银行合作为供应商贷款不同的是，京保贝由京东提供资金并负责运营。

京保贝无需任何担保和抵押，在为供应商、合作伙伴提供快速融资服务，帮助其快速成长的同时，京保贝将有效提升其客户黏性。

2. 京保贝服务对象。

京东供应商、京东合作伙伴、京东生态圈上下游、京东生态圈外企业

3. 京保贝优势及特点。

京东完全自有资金。

从供应商申请到放贷完全在线，3 分钟内完成。

系统自动计算放贷速度，额度内放贷周期 90 天。

利率远低于小贷公司的平均利率（18%），仅为 10%。

4. 京保贝 VS 阿里小贷。

京保贝和阿里小贷之争，拼的不是经营金融机构，而是这些贷款项目背后的京东电商和淘宝天猫。

京东电商庞大的自营业务使得这个中心位置周围有大量的供货商，向围绕京东电商周围的供货商提供金融服务远比让天猫平台上的自由卖家接受提供的金融服务容易得多。打个比方说，淘宝天猫有点像一个鱼很多的池塘，阿里小贷在池塘里大范围撒网捕鱼是相当费劲的；京东电商像肉牛饲养基地，牛的数量尽管比不上鱼那么多，但是京保贝很清楚有多少牛鼻子可以用来把牛牵走。

京保贝的低利率也为它赢得了更多客户。阿里小贷提供的贷款利率是18%，而京保贝提供的贷款利率是10%。

【思考研究题】

1. 京东金融有哪些业务板块？为什么这么布局？
2. 京东金融如何通过商业生态圈构建自己的核心竞争力的？
3. 京东众筹业务发展得如何？

案例十三：易宝支付

一、易宝支付背景

（一）易宝支付简介

1. 公司介绍。

易宝支付是由北京通融通信息技术有限公司于 2005 年 4 月 7 日推出的电子支付平台，专门从事多元化电子支付及手机充值业务一站式服务。易宝专注于金融增值服务领域，创新并推广多元化、低成本、安全有效的支付服务，为更多传统行业搭建了电子支付平台。易宝支付平台基于 IBM 先进的技术环境，充分保障安全而高效的运转。同时得到了各大商业银行的全力支持，透过易宝，银行可以和更多的消费者和广大商家在不同的支付终端（互联网、手机、电话）相遇，为更多的需求提供有针对性的金融服务。

2. 易宝支付三大特点。

易宝具有三大特点：易扩展的支付、易保障的支付、易接入的支付。用户的重要数据只存储在用户开户银行的后台系统中，任何第三方无法直接获取。商家自助式接入，流程简单。易宝的客户享受各种增值服务、互动营销推广以及各种丰富多彩的线下活动，拓展商务合作关系，发展商业合作伙伴。

3. 易宝支付合作商家。

易宝支付的合作商家包括了百度、盛大、当当、搜狐、国美、TOM、金山、新东方在线、深航、e 龙、环球、游益网、八佰伴、中国联通在内等众多知名企业。2007 年，易宝在中国电子商务金融与支付行业发展大会上荣获中国电子支付优秀企业奖；2006 年，易宝分获电子商务财富年会最佳支付平台、2006 电子支付应用峰会最可信赖电子支付品牌、中国 3G 百强调查无线增值领域最佳支付奖、电子支付高层论坛电子支付创新奖、第九届电子商务大会电子商务诚信企业奖等多个奖项；2005 年，易宝还曾被中国互联网协会评为创新 50 强。

（二）发展历程

2002 年，在美国从事无线互联工作的唐彬回国考察时，发现国内老百姓缴纳媒体费，电费都需要去银行排队，买机票也要到现场去取，种种不便，让唐彬萌生了在中国发展电子支付行业的念头。

2003 年，因为创始人都有无线通信领域的背景，刚开始创业时，他们都看上了短信支付，将公司突破口选择在无线支付领域。但是，当时的中国功能手机主导市场，银行和运营商对短信支付并不开放，易宝发展并不顺利。

2005 年，易宝支付调转船头，把目标转向互联网支付。宣告正式进入电子支付市场，随着其核心技术平台的完善和升级，易宝积极开拓与银行的合作空间，与工商银行、招商银行、交通银行等金融机构开展合作。

2013 年，从支付工具转型到交易服务平台，将战略升级为"支付 + 金融 + 营销"，以电子支付、互联网金融和移动互联大潮 。

（三）收费方式

1. 接入费用。商户首次接入易宝支付系统所需要缴纳的费用，一般为一次性费用。各行业不同，一般几百元到数千元不等。

2. 服务费。第三方在线支付厂商按年度向商户收取的服务费用，一般数百元到数千元。

3. 交易佣金。第三方在线支付厂商按年度向商户收取的服务费用，一般数百元到数千元。商户根据具体的交易情况向第三方在线支付厂商支付。一般按照交易额的 0.6% 左右的比例付费，或者按交易笔数付款，也有包月或者包年等多种佣金收取方式，相对较为灵活，适合不同的企业。

4. 解决方案费用。为企业用户提供专业的支付解决方案，具体的费用按照方案的复杂程度收取。

二、易宝支付与支付宝的对比

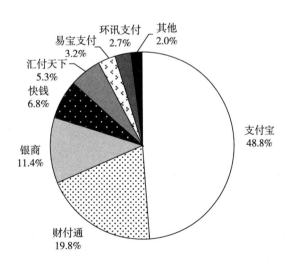

图 1　2014 年第二季度互联网支付市场份额

从图 1 可以看出，支付宝市场份额最大，几近半壁江山；易宝支付在行业占据第六位。

（一）账户型支付模式——支付宝

付款人和收款人必须在第三方支付平台上开立虚拟账户，付款人需将实体资金转移到支付平台的支付账户中。当付款人发出请求时，第三方平台将付款人账户中相应的资金转移到自己的平台，然后通知收款人已经收到货款，可以发货。收款人通过物流将货物发出，付款人确认收货并验证完毕后通知第三方支付平台，第三方支付平台将临时保管的资金划拨到收款人账户中。

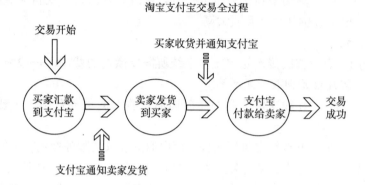

图2 支付宝支付模式

（二）在线支付网关模式——易宝支付

易宝支付提供的是一种"在线支付网关"式的服务，因为商户都是有信誉保障的，商品是否发货以及质量都有保障，所以不会设置货到确认支付的环节，买家通过易宝支付可以将钱直接打给商家。整个过程不需要担保，因为接入易宝支付的商家都是经过严

图3 易宝支付原理

格审核的，确保不会出现非诚信商家。一般来说，易宝支付接入方式的商家，肯定是信得过的。

消费者的付款直接进入支付平台的银行账户，然后由支付平台与商户的银行进行结算，中间没有经过虚拟账户，而是由银行完成转账。银行完成转账后再将信息传递给支付平台，支付平台将此信息通知商户并与商户进行账户结算。

在这种模式下，第三方支付平台扮演着"通道"的角色，没有内部交易功能。完全独立于电子商务网站，仅仅提供支付产品和支付系统解决方案，平台前段联系着各种支付方法供网上商户和消费者进行选择，同时平台后端连接着众多的银行。针对不同行业的商家，推出各具特色的功能和服务，为商家量身定做支付平台。

（三）易宝支付和支付宝代表着的是第三方支付行业的两种分类。

（1）一类是以支付宝、财付通、盛付通为首的互联网型支付企业，他们以在线支付为主，捆绑大型电子商务网站，迅速做大做强。这种模式主要解决的是网购中的诚信问题，这个模式在中国目前来说非常有前途，它们承担了培养中国网民网上购物胆量的重任。

（2）一类是以银联电子支付、快钱、易宝支付为首的金融型支付企业，侧重行业需求和开拓行业应用。易宝主要关注航空、电信、保险、教育、行政缴费等。易宝支付又在此基础上推出了外卡收款，吸取原有资源和经验，打造了一个值得外贸商户信赖的外卡收款平台。

三、易宝支付特色业务介绍

（一）行业影响力

1. 电信行业：易宝已与中国联通（全国）、中国电信总部及 8 家省公司建立了合作关系。

2. 航旅行业：易宝已与南方航空、海南航空、深圳航空、四川航空等 10 家全国大航空公司，以及近 1000 家机票代理人、旅行社达成战略合作关系。

3. WebGame 行业：易宝占有 85% 市场份额，代表商家有九维互动、昆仑万维、热血三国等。

4. 行政教育行业：市场占有率为第三方支付公司之首，已与江苏人事、江苏建设、江苏卫生、四川人事、内蒙古人事、西安自考、深圳交通罚款、北医大网院、新东方、东大正保等 100 多个政府考务机构及 200 多个社会培训机构达成合作。

（二）例子

1. 航空行业。在航旅领域，易宝支付堪称第三方支付的先行者，自 2005 年起，先后推出了 20 余种产品服务。纵观易宝支付在航空旅游行业的发展，其解决方案涵盖对航空公司、代理人、企业差旅资金等全方位领域的纵深应用。易宝支付为航空公司提供的垫付等业务，具有完善的授信评估和风险防范机制，不仅使航空公司结算及时，更免去后顾之忧。

2. 航空公司电子支付解决方案。易宝支付为航空公司量身定制的解决方案主要有直销方案、分销方案和企业客户管理方案。易宝支付的解决方案，为航空公司提供了财务集中管理平台，实现了多渠道资金归集，极大地提高了财务结算和对账的效率。

（1）直销方案。全方位满足网站、呼叫中心、手机客户端、营业部等销售业务的支付需求，帮助拓展多渠道销售。直销方案所用到的产品服务包括电话支付、银行卡支付、常旅客支付、信用卡支付、预付卡支付、信用卡手机支付等。

（2）分销方案。此方案可帮助航空公司扩大高端企业客户的销售规模，让月结业务变为现结业务。针对企业客户，易宝提供的产品服务包括 UATP 和授信支付。

3. 代理人解决方案。

（1）收款方案。易宝支付整合线上、线下多元化的支付手段，具有票款实时到账、交易安全便捷等特点，易宝灵活多样的接入方式，可满足不同机票代理的接入需求。

（2）付款方案。提供授信支持，解决资金压力，促进航空公司 B2B 采购及企业差旅客户开拓，扩大业务规模，自动支付，降低人工成本，提高出票效率。

（3）收、付款组合方案。收款与付款统一集中的财务管理平台，提高资金周转、结算、对账等财务管理效率，收取客人票款，并实时支付到航空公司网址或机票平台，完成出票，令资金无限畅通。

四、易宝支付产品介绍

（一）整体简介

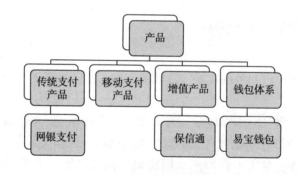

图 4　产品频谱图

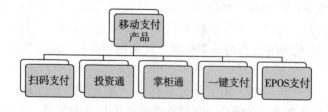

图 5　移动支付产品

（二）信用卡支付（EPOS）实例

EPOS 是易宝支付提供给商户只需要信用卡持卡人提供信用卡卡号、有效期、校验码及相关信息即可完成付款的支付产品，即信用卡无卡支付。消费者向商户提出购买商品请求，并提供其信用卡信息，易宝反馈扣款结果，完成支付过程。

EPOS支付的特点。（1）无须刷卡，支持非面对面交易；（2）适应商家多种业务类型需要，支持信用卡预授权、预授权扣款、预授权撤销、直接消费交易。

EPOS产品优势。（1）对客户要求低；（2）交易限制较少；（3）简便的操作方式，客户有信用卡即可使用，省去开通网银等复杂的过程；（4）只有信用卡本身信用额度限制，没有支付金额限制和交易次数等限制；（5）支持包括互联网、电子邮件、电话、传真等在内的多种支付渠道，消费者只需提供信用卡卡号和有效期等信息即可完成支付。

EPOS在手机客户端接入方式简单。（1）接口接入，可对接对方的支付页面；（2）WAP手机网关，类似于春秋航空；（3）Wap银行+epos组合接入；（4）银行专线连接，采用与银行系统专线连接的支付方式，交易瞬间完成，响应速度快，同时安全更有保障。

已合作银行：招商银行、工商银行、建设银行、农业银行、广发银行、中国银行、中信银行、民生银行、兴业银行、上海银行、华夏银行、平安银行。

Wap合作商家：春秋航空、南航电子商务、南航易网通、四川航空、深圳航空、海南航空、春秋航空、金色世纪网、逍遥行旅行网等260多家。

申请商户签约所需资质。（1）法定代表人身份证复印件并签字、企业营业执照复印件并盖章、组织机构代码证复印件、航空代理资质或旅行社等行业资质。（2）其他要求。按照比例缴纳一定比例的保证金；网络接入方式，商户不得留全部数据保存；电话IVR接入方式须录音；电话或网络人工接入的方式须摄像监控。

【思考研究题】

1. 易宝支付的成功给我们什么启示？
2. 易宝支付与支付宝、财富通相比，有什么特点？
3. 易宝支付的商业模式是否有不足？为什么？

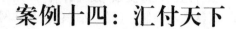

案例十四：汇付天下

一、公司简介

（一）公司信息

网站网址：http：//www.chinapnr.com/

公司名称：汇付天下有限公司

成立日期：2006 年 7 月

注册资本：10 亿元人民币

总部地点：上海市黄浦区中山南路 100 号金外滩国际广场 19 楼

经营范围：金融电子商务服务

公司性质：有限责任公司

公司口号：做人们最满意的电子支付服务商

（二）公司文化

汇付天下成立于 2006 年 7 月，专注于为传统行业、金融机构、小微企业及个人投资者提供金融账户、支付结算、运营风控、数据管理等综合金融服务。拥有中国人民银行、中国证监会、国家外汇管理局等监管机构颁发的《支付业务许可证》、基金支付牌照、基金销售牌照等资质。

汇付天下旗下设有汇付数据、汇付金融、汇付科技、汇付创投等多家子公司，并参股投资外滩云财富、易日升金融等金融服务公司。

汇付天下一直秉承不断创新的经营理念，致力于为合作伙伴提供更高效的产品与服务，为新金融行业提供基础服务。已服务超过 50％的 P2P 网贷平台，服务第三方理财、消费金融、私募基金、交易所等新金融机构，与合作伙伴共同打造新金融生态。

（三）特色

1. 金融 POS 收单服务直销和外包结合服务。自 2012 年起，在全国试行收单服务车，推广 POS 收单手机客户端，试行 POS mini 移动刷卡器，发布信用支付 2.0 产品，为数百万的小微商户提供更安全和更便捷的金融支付服务。

2. P2P 账户系统托管。汇付天下建立了国内首个第三方 P2P 账户系统托管体系，国内超 700 家 P2P 网贷公司接入汇付天下 P2P 账户系统托管。

3. 金融理财平台天天盈。拥有超 200 万实名注册用户。

4. "钱管家"系统致力于提升传统分销行业的电子商务水平。2006 年开始即已逐步得到了包括航空、酒店、物流、教育等诸多行业的广泛应用，全面提升传统行业的资金周转。

二、支付与理财服务

（一）网上支付

汇付天下提供与银行间的支付接口，用户可直接把资金从银行卡中转账到网站账户中，便捷处理各种网上交易，企业用户可使用企业专用的在线收款及付款服务，解决企业间对公结算资金支付。

应用领域或行业包括电商交易、在线企业/个人转账、基金支付、航旅票务，游戏娱乐等。

（二）电话支付

支付流程：1. 用户拨打商户电话；2. 确认订单；3. 输入卡号信息；4. 支付成功。

电话支付帮助企业把呼叫中心变成利润中心，开拓企业收款新途径。顾客则随时随地付款。

应用领域或行业包括航空票务、保险等实名消费业务。

（三）POS 支付

汇付天下为广大服务商及商户提供优质的 POS 收单服务，以极具竞争力的费率、国内所有银行卡支持、丰富的终端设备、快至 T + 1 的布机、结算速率享誉行业，成为最受商户欢迎的终端智能收款方案。

应用领域或行业包括：宾馆、餐饮、娱乐、批发零售、商业连锁、直销、金融、教育培训机构、医疗机构、公共事业及保险服务、房地产、汽车销售、珠宝、首饰、工艺品销售、航空、超市、加油、运输物流、通信业等。

（四）移动支付

用户使用手机、平板电脑等移动终端即可方便地对所选商品或服务进行支付。

应用领域或行业包括电子商务和基金支付等。

（五）信用支付

信用支付让票务代理商享受先出票、后付款的服务，而无须任何担保和抵押，能为您有效缓解公司运营过程中的资金周转压力。

应用领域或行业包括票务代理商、航旅票务平台、航空公司。

（六）天天盈

天天盈为基金公司直销和第三方基金销售机构提供低费率、多银行支持的便利支付结算工具及网上拓展平台；为投资者提供持任意银行卡，购买各基金公司产品一站式理财服务。

三、汇付天下产业链支付分析

（一）产业链的概念

产业链是产业经济学中的一个概念，是各个产业部门之间基于一定的技术经济关联，并依据特定的逻辑关系和时空布局关系客观形成的链条式关联关系形态。产业链是一个包含价值链、企业链、供需链和空间链四个维度的概念。这四个维度在相互对接的均衡过程中形成了产业链，这种"对接机制"作为一种客观规律，像一只"无形之手"调控着产业链的形成。

产业链具有两维属性：结构属性和价值属性。产业链中大量存在着上下游关系和相互价值的交换，上游环节向下游环节输送产品或服务，下游环节向上游环节反馈信息。

产业链分为狭义产业链和广义产业链。狭义产业链是指从原材料一直到终端产品制造的各生产部门的完整链条，主要面向具体生产制造环节。广义产业链则是在面向生产的狭义产业链基础上尽可能地向上下游拓展延伸。产业链向上游延伸一般使得产业链进入到基础产业环节和技术研发环节，向下游拓展则进入到市场拓展环节。产业链的实质就是不同产业的企业之间的关联，而这种产业关联的实质则是各产业中的企业之间的供给与需求的关系。

（二）汇付天下的产业链支付

汇付天下的产业链支付，旨在加快上下游资金周转，提高资金管理效率和收益率。为产业链不同层次的主体定制支付结算解决方案，帮助传统产业链行业升级到电子商务。主要体现在两个方面，一是资金的周转速度，二是资金在过程中发生的信用风险问题。

1. O2O 产业链：

O2O 产业链支付是汇付天下关注的一个重点问题。O2O 即 Online to Online，兴起于 2014 年。整个 O2O 行业重点关注的就是产业链。

图　供应链原理

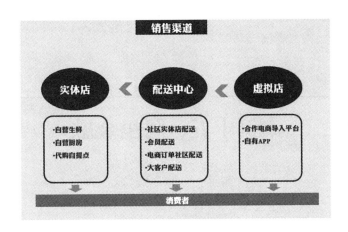

图　销售概念模型

O2O 产业链雏形，即"入口 + 服务 + 支付"。这个雏形虽然很简单，但是其中资金的流动周转，包括用户的支付行为，牵扯到巨大的利益。

2. 汇付天下 O2O 产业链支付解决方案：

汇付天下的解决方案，整合了担保支付和随身支付两大模块，帮助 O2O 用户和商家一站式完成线上支付结算。担保支付是汇付天下为商家提供平台保证，协助消费者对服务满意后再付款，提升用户对商家的信任度；随身支付是汇付天下协助商户实现覆盖 O2O 平台全部终端的支付，消费者通过任何一部包括 PC、手机、平板电脑、移动 POS 等在内的终端接入商户平台，即可实现 LBS、团购等移动互联网应用进行无缝对接，帮助用户实现资讯、消费、随身支付的一站式应用体验，真正做到随时随地随身支付。

【思考研究题】

1. 汇付天下的核心竞争力是什么？
2. 产业链支付是否容易被竞争对手模仿？
3. 汇付天下的主要支付形式有哪些？

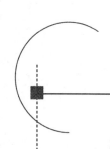

案例十五：阿里金融

　　国内互联网金融发展最为典型的案例即为阿里巴巴的小额信贷业务，即阿里金融。阿里金融主要面向小微企业、个人创业者提供小额信贷等业务。目前阿里金融已经搭建了分别面向阿里巴巴 B2B 平台小微企业的阿里贷款业务群体，和面向淘宝、天猫平台上小微企业、个人创业者的淘宝贷款业务群体，并已经推出淘宝（天猫）信用贷款、淘宝（天猫）订单贷款、阿里信用贷款等微贷产品。截至 2014 年 2 月，阿里金融服务的小微企业已经超过 70 万家。

　　阿里金融利用阿里巴巴 B2B、淘宝、支付宝等电子商务平台上客户积累的信用数据及行为数据，引入网络数据模型和在线视频资信调查模式，通过交叉检验技术辅以第三方验证确认客户信息的真实性，将客户在电子商务网络平台上的行为数据映射为企业和个人的信用评价，向这些通常无法在传统金融渠道获得贷款的弱势群体批量发放"金额小、期限短、随借随还"的小额贷款。

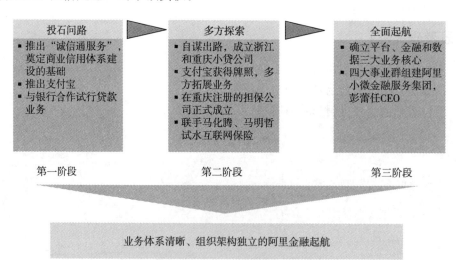

图　阿里金融布局的三个阶段

　　阿里金融微贷技术也极为重视网络。小微企业大量数据的运算即依赖互联网的云计算技术，不仅保证其安全、效率，也降低阿里金融的运营成本；简化了小微企业融资的环节，更能向小微企业提供 365×24 的全天候金融服务，并使得同时向大批量的小微企业提供金融服务成为现实。符合国内小微企业数量庞大，且融资需求旺盛的特点。

阿里金融已经开发出订单贷款、信用贷款等微贷产品。从其微贷产品的运作方式看，带有强烈的互联网特征。类似淘宝信用贷款，客户从申请贷款到贷款审批、获贷、支用以及还贷，整个环节完全在线上完成，零人工参与。

二、蚂蚁花呗

蚂蚁花呗从业务实质上看，就是虚拟信用卡。但是，虚拟信用卡的发行可能涉及银行监管的问题。众多类虚拟信用卡产品，都避开信用卡这些字眼。亚马逊等也推出了虚拟信用卡，可以看作是应收账款管理的一种有效金融形式。电商的虚拟信用卡主要局限于网上购物，如其使用范围超越电商平台，就有可能对银行信用卡行业产生强烈的直接冲击。目前，不能简单地说虚拟信用卡抢占了银行信用卡市场，二者是交叉关系。既有虚拟信用卡做大市场蛋糕的事实，也有对传统银行信用卡的替代事实。

（一）蚂蚁花呗概念

蚂蚁花呗是蚂蚁金服推出的一款消费信贷产品，申请开通后，有 500~50000 元不等的消费额度。用户在消费时，可以预支蚂蚁花呗的额度，享受"先消费，后付款"的购物体验。蚂蚁花呗支持多场景购物使用。此前的主要应用场景是淘宝和天猫，淘宝和天猫内的大部分商户均可使用其支付。目前，蚂蚁花呗已经走出阿里系电商平台，共接入了 40 多家外部消费平台，包括大部分电商购物平台，比如亚马逊、苏宁等；本地生活服务类网站，比如口碑、美团、大众点评等；主流 3C 类官方商城，比如乐视、海尔、小米、OPPO 等官方商城；以及海外购物的部分网站。

（二）蚂蚁花呗用户分析

蚂蚁花呗刚一上线，就受到网购族的大力追捧。数据统计显示，花粉的用户中"90后"占 33%，"80后"用户占 48.5%，"70后"用户占 14.3%。可见相对其他支付方式，蚂蚁花呗吸引了更多的新生代消费群体。

对年轻用户而言，蚂蚁花呗的吸引力在于可凭信用额度购物，而且免息期最高可达41 天。蚂蚁花呗用户中，潮女、吃货成为主力军。数据显示，使用蚂蚁花呗购买的商品中，女装、饰品、美妆护肤、女包、女鞋等潮流女性商品占比超过 20%；零食、特产、饮料等食品类商品以 10% 的占比排第二；其后是数码、母婴用品等。

数据同时显示，用户使用蚂蚁花呗更多通过手机完成，其移动交易占比达到六成。目前，包括功能开通、账单查询、还款等，蚂蚁花呗已全部实现移动应用操作，在移动支付日益流行的今天，蚂蚁花呗有望成为杀手级移动支付应用。

（三）授信额度

蚂蚁花呗根据消费者的网购情况、支付习惯、信用风险等综合考虑，通过大数据运算，结合风控模型，授予用户 500~50000 元不等的消费额度。

蚂蚁花呗的额度依据用户在平台上所积累的消费、还款等行为授予，用户在平台上的各种行为是动态和变化的，相应的额度也是动态的，当用户一段周期内的行为良好，

且符合提额政策，其相应额度则可能提升。

（四）还款方式

用户在消费时，可以预支蚂蚁花呗的额度，在确认收货后的下个月的 10 号进行还款，免息期最长可达 41 天。除了"这月买，下月还，超长免息"的消费体验，蚂蚁花呗还推出了花呗分期的功能，消费者可以分 3、6、9、12 个月进行还款。

每个月 10 号为花呗的还款日，用户须要将已经产生的花呗账单在还款日付清。到期还款日当天系统依次从支付宝账户余额、余额宝（需开通余额宝代扣功能）、借记卡快捷支付（含卡通）账户中自动完成扣款操作。也可以主动进行还款。为避免逾期，用户须确保支付宝账户金额充足。如果逾期不还每天将收取万分之五的逾期费。

（五）发展历程

蚂蚁花呗自 2015 年 4 月正式上线，主要用于在天猫、淘宝上购物，受到了广大消费者，尤其是 80 后、90 后消费者的喜爱。为了更好地服务消费者，蚂蚁花呗开始打破了购物平台的限制，将服务扩展至更多的线上线下消费领域。

蚂蚁花呗上线仅半个月，天猫和淘宝已有超过 150 万户商户开通花呗。不少反应更快的商户，已经开始修改宝贝描述，直接加入"支持花呗"的字样，以期能更加精准地吸引消费者。

数据显示，商户接入蚂蚁花呗分期后，成交转化提升了 40%。2015 年双十一期间，蚂蚁花呗充分发挥了其无忧支付的产品能力，全天共计支付 6048 万笔，占支付宝整体交易 8.5%。

三、蚂蚁借呗

蚂蚁借呗表示自从 2015 年 4 月上线开始，他们已经累计为全国 3000 万用户授信，累计发放消费信贷 494 亿元人民币。蚂蚁借呗是支付宝推出的一款贷款服务，目前的申请门槛是芝麻分在 600 以上。按照分数的不同，用户可以申请的贷款额度从 1000 ~ 50000 元不等。借呗的还款最长期限为 12 个月，贷款日利率是 0.045%，随借随还。

日利率是比较高的，如果折算成年利率，达到 20%。

数据显示：（1）最喜欢通过借呗消费的人群集中在沿海地区，其中广东地区的用户占有量最大，达到了总用户数量的 16%，浙江、江苏、福建、上海分别以 14%、9%、7%、6% 的占有率位列 2 ~ 5 名；（2）最爱使用借呗消费的人群中，90% 以上的用户是 80 后、90 后，年轻人的消费水平正在日益提升。

【思考研究题】

1. 分析互联网金融的优劣势。
2. 蚂蚁花呗与虚拟信用卡的区别与联系？
3. 蚂蚁借呗的日利率达到了万分之五，是否合理？

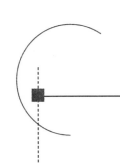

案例十六：宜人贷

一、宜人贷概述

(一) 宜人贷简介

宜人贷由宜信公司于2012年推出。宜信公司创建于2006年，总部位于北京，宜信维持着超过3万人的庞大员工队伍和几乎覆盖大半个中国的网点运营。截至2015年9月，平台累计注册用户超过600万，累计交易促成金额超过80亿元。目前已经在232个城市（含香港）和96个农村地区建立起全国协同服务网络，通过大数据金融云、物联网和其他金融创新科技，为客户提供全方位、个性化的普惠金融与财富管理服务。

(二) 背景介绍

P2P，简单来说就是连接有借款人和投资人的互联网平台，其最大优点就在于可大大降低交易成本。

该行业起源于2005年英国的P2P平台Zopa的成立。随后美国有了Prosper和Lending Club。中国从2007年开始引入这一概念，之后快速发展，截至2015年10月，累计成交额已突破一万亿元人民币，P2P平台约3500家，主要形成了以下几种模式：

（1）纯线上的模式。也通称为美国模式，平台仅是一个信息中介，不对投资者收益和风险承诺保障。

（2）线上线下相结合的模式。实行风险保证金制度来保障投资人本金安全，P2P平台建立一个资金账户，当借款出现逾期或违约时，网贷平台会用资金账户里的资金来归还投资人的资金，以此来保护投资人利益。

（3）平台与机构合作的模式。平台与线下小贷和担保机构合作，由线下机构承担审核风险以及连带还款的责任。

(三) 宜人贷理财产品

产品类别	起投金额（元）	预期收益率（%）	封闭期（月）
新手标	100	9.6	1
宜定盈	1000	6.6~10.2	3~24
精标榜	100	10~12.5	>3

（四）宜人贷的基本情况介绍和业务分析

宜人贷是 P2P 网贷平台。母公司宜信以传统的信贷撮合中介起家，目前业务扩展到财富管理、基金、保险、征信等各种金融业务。

1. 宜人贷的业务模式是线上融资，线下贷款这样线上线下相结合的模式。宜人贷的借款人第一来源是宜信公司线下门店拓客，第二来源是宜人贷官网和 APP 在线申请。宜人贷曾经和 51 信用卡网站进行合作，以"人品分"为授信审核标准给予 51 信用卡用户极速贷的申请资格，以小额信贷为主，借款用途主要是用于生产经营。

2. 宜人贷将借款人分为 A、B、C、D 四个等级，借款人承担的融资成本包括利息和服务费。宜人贷对 4 个等级收取的服务费为 5.6%、18.5%、26.4%、28.2%，1 年期的借款利率 10%，D 类借款人融资成本达 38.2%，已经超过了最高人民法院规定的 36% 红线。宜人贷是按照等额本息法计算借款利率，如果换算成先息后本的计算方式，则 D 类借款人融资成本达年化 48.2%，事实上已属于民间高利贷的利率范围。

3. 风险管理方式

传统的风险管理工具和发达经济体是用的消费金融数据类型，例如广泛提供的消费信贷报告服务，目前正处于中国的早期发展阶段。宜人贷有专有欺诈检测系统，和专有信用评分模型和贷款资格制度。宜人贷的风险管理委员会，风险管理部门和信用评估团队。

其中风险管理系统使用超过 250 个决策规则，并包含一个黑名单，超过一百万个欺诈检测数据点。在组织上，宜人贷有一个由宜人贷的执行主席，首席执行官，首席财务官和首席风险官组成的风险管理委员会，每月召开会议，以审查宜人贷平台上的信用，流动性和操作风险。宜人贷有一个独立的风险管理部门，负责贷款绩效分析，信用模型验证和信用决策绩效。截至 2015 年 12 月 31 日，宜人贷的信用评估团队共有 63 名成员。对于每个贷款申请，初级团队成员将提出初步建议，然后由高级团队成员审核，该团队成员有权否决初级团队成员的建议。在 2014 年和 2015 年，分别有 18.8% 和 25.7% 的贷款申请获得批准。

4. 业务发展状况

宜人贷的收入主要来自宜人贷提供服务收取的费用。宜人贷向借款人收取宜人贷平台提供便利贷款交易服务的交易费，并使用宜人贷的自动化投资工具或自我指导投资工具向投资者收取服务费。作为信息中介，宜人贷不使用宜人贷自己的资本，而是通过提供与渠道沟通贷方市场与借方市场。

宜人贷是中国领先的在线消费者金融市场，连接投资者和自然借款人。自 2012 年 3 月至 2015 年 12 月 31 日，宜人贷推出了超过 120 亿元人民币（约合 19 亿美元）的贷款。

在 2014 年和 2015 年，宜人贷的移动应用程序分别促成了超过人民币 55.08 亿元和 27.289 亿元的贷款，占通过宜人贷的市场促进的贷款总量的 24.7% 和 28.6% 期间。

（1）借款人

自从宜人贷于 2012 年 3 月推出市场以来，业务取得了显著的增长。宜人贷的净收入从 2013 年的 310 万美元增长到 2014 年的 3190 万美元，并在 2015 年进一步增加到 20910

万美元。宜人贷的净利润，2013 年和 2014 年分别亏损 830 万美元和 450 万美元，但是，2015 年为净利润 4380 万美元。

下表提供了宜人贷平台的借款人数（截至 12 月 31 日）：

表 1 宜人贷借贷款人数

借款人数 \ 年份	2013	2014	2015
在线贷款者	1625	20422	74000
离线频道借款者	1924	18922	72390
借款人总数	3549	39344	146390

表 2 宜人贷款金额与利润 单位：千人民币

贷款 \ 年份	2013	2014	2015
贷款金额	258322	2228562	9557613
在线渠道产生的贷款	98512	896003	3152272
离线渠道产生的贷款	159810	1332559	6405341

截至 2015 年 12 月 31 日，线下渠道产生的 2.474 亿美元贷款通过信托融资，宜人贷于 2015 年 10 月与其建立业务关系。

2. 投资人

宜人贷接受所有收入水平投资者的投资，但集中力量吸引富裕者的投资者。

根据宜人贷披露的信息，截至 2015 年 12 月 31 日，宜人贷的历史投资者概况为 55.9% 的男性和 44.1% 的女性，而 83.1% 的年龄为 40 岁或以下。

如下表，2013、2014 和 2015 年，投资者人数分别为 5617 人、34527 人和 326055 人，宜人贷市场投资的资金总额分别为 2.963 亿元，26.061 亿元和 119 亿元。

表 3 宜人贷投资者结构（2015 年 12 月 31 日）

投资者人数 \ 年份	2013	2014	2015
在线通道的投资者	4250	25093	317051
来自离线频道的投资者	1367	9434	9004
投资者总数	5617	34527	326055

业务分析：宜人贷的投资人大部分来自线上，更多来自富裕人群且男性远远超出女性。在宜人贷的借款人中，D 类借款人比例过高，存在较高的逾期和坏账风险。获取用户方面，宜人贷在线下过度依赖于宜信，而线上注册用户转化率又过低。宜人贷要想在中国 P2P 市场中抢占更大的份额，除了加强风险控制、强化信用审核、降低坏账率以外，还需要不断完善其盈利模式，吸引更多线上用户，形成差异化优势。

（五）宜人贷的风险备用金

对于坏账率问题，宜人贷按照平台撮合贷款总额 7% 的比例提取风险备用金，并支

付了其中的1130万美元，用于偿还违约贷款的本金与利息。截至2015年12月31日，宜人贷的风险备用金余额为7000万美元。截至2015年12月31日宜人贷平台的整体逾期率（15～89天）为1.3%，相较于2015年9月30日的1.4%略微下降。

P2P行业最关心的数据是坏账率。而宜人贷采用风险准备金的方式来应对逾期和坏账。

宜人贷风险备用金余额超过6.3亿元。这些风险准备金只能应付规模不大的临时的风险，对于系统性的巨额的风险，这些资金是远远不够的。

P2P最难的最需要的也是风险管理，P2P金融必须向传统金融机构的风险管理意识学习，并探索自己的风险管理套路。

对于P2P的管理，目前有两个共识：（1）一是小额化、分散化。（2）拒绝平台自融。这两条其实是有联系的，那就是平台自融的金额一定不是小额分散的。否则，伪装众多的借款者成本必然不低。只要平台自融，无论以何种形式出现，平台就面临诈骗获利的诱惑。久而久之，平台出问题就成了必然。只要坚持这两条，平台出的问题就有时间解决，平台就有可能可持续发展。

平台借款人的信息公开也是有力的防范风险的手段。这种公开包括头像公开、身份公式、借款用途、办公地点等公开。这些公开能够防范虚假借款，挪用款项等危险行为。同时，借款人信息公开能够对借款人形成还款压力。

对于宜人贷来说，过多的D类贷款蕴含了过多的风险，可能是一座火山。当我们对P2P展开调研的时候，同行的评价尤其尖锐。宜人贷在刀尖上行走，可能会伤着自己，并带来一系列复杂的社会问题。

二、宜人贷的侵略式营销

互联网金融可以打广告，这是互联网金融扩张速度让传统金融机构羡慕，却无能为力的法宝。传统的金融机构不允许打广告，这是法律的要求。而互联网金融则还没有受到这个限制，通过广告成功地变魔术般地为自己拓展客户群体。从传统的广告投放到精准营销的朋友圈刷屏，宜人贷都强调"借钱快"。宜人贷通过垂直行业KOL个人微信号朋友圈的传播，则是一次更具有尝试意义的口碑传播。

宜人贷的广告海报中，几位年轻的广告模特目不转睛地注视着手机，面部被手机中像旋风一样的借款速度吹得表情扭曲，魔性的画风让静态的海报画面呈现出了动感。

夸张的形式放大了表情细节，而借助外力强风所产生的狰狞面目，与都市年轻人一贯崇尚的温文尔雅、高颜值的外表形成强烈反差。这种故意自我黑化的艺术表现形式，告诉你：借钱，就得用手机宜人贷，就是快。

三、宜人贷股价峰回路转

宜人贷赴美上市后，股价持续下跌，幅度达到64%，最终，在不懈努力和客观有利条件下，股价接近收复失地。

2015年12月18日，宜信旗下子公司宜人贷正式登陆纽交所，发行价10美元，拟募资 7500 万美元。宜人贷挂牌首日即跌破发行价，当日收盘价跌至 9.1 美元。此后经历了一周的小幅上涨之后，股价大体上呈下滑趋势，至 2016 年 2 月 12 日，跌至每股 3.68 美元的低位。除了当时美联储宣布加息，美股暴跌的原因外，P2P 行业也确实存在隐患。

（一）P2P 风波不断，监管的不确定性增强

据网贷 315 统计，在经过了 2014 ~ 2015 年的野蛮生长后，2015 年全年新增问题平台 957 家，几乎以平均每天 3 家的速度递增。2015 年 11 月 "跑路" P2P 平台共 64 家，环比 10 月激增 433%。2015 年 12 月 15 日，E 租宝被立案侦查。E 租宝是安徽钰诚集团旗下企业，95% 项目是造假产生，非法集资 500 多亿元。2015 年 12 月 17 日，从事投资理财的上海大大集团也涉嫌违法。

这几起恶性事件，使得 P2P 面临着行业监管的不确定性。

（二）高息信用贷款规模庞大无法律保障

最高人民法院 2015 年 8 月发布《关于审理民间借贷案件适用法律若干问题的规定》，年利率 24% 以下的民间借贷法院予以司法保护，年利率超过 36% 的民间借贷超过部分法院将认定无效。对于年利率在 24% 至 36% 的借款，提起诉讼法院也不会保护，但如果对方愿意履行，法院也不反对。按照司法解释，宜人贷除了 A 档之外，剩下的借款均存在风险。

2014 年前三季度，宜人贷发放了 49 亿元人民币的 D 类信用贷款，占到同期新增贷款总量的 78.3%，是 2014 年全年贷款总量的 2.2 倍。D 类信贷业务大约贡献了宜人贷收入的 86%，收入结构上存在风险。

（三）宜人贷招股说明书中的疑点

根据招股说明书，宜人贷在 2014 年亏损 450 万美元，2015 年上半年盈利 1700 万美元，如何在半年时间内实现如此大的逆转，网贷 315 认为这源于母公司宜信线下贷款项目的引流，依靠关联交易拔苗助长。那么，互联网金融为招牌的中国公司其增长前景就值得怀疑。

招股说明书披露的坏账率也是疑点之一。截至 2015 年 6 月，宜人贷借款逾期 15 天以上的贷款仅占比 2%，而 2015 年银行业金融机构关注类贷款率为 3.98%。中国网贷平台服务的用户多为长尾市场用户，尤其在当前经济下行的前提下，业内公认坏账率高于银行 10 个百分点左右是平均水平。可见宜人贷在上市前有可能利用风险准备金覆盖相当规模的坏账，也有可能在短时间内获客，提高贷款余额以拉低坏账率，或者采取了其他剥离手段。

（四）宜人贷美股股价回升

2016 年 3 月，一方面全球股市回暖，中概股涨势强劲，另一方面 2016 年 3 月初，宜人贷宣布将推出在线消费金融 ABS 产品，并在深交所挂牌。宜人贷不仅通过资产证券化实现了从个人投资者到机构投资者的扩展。

3 月 10 日宜人贷公布了 2015 年第四季度及全年财报，财报显示，2015 年平台共撮合了 15 亿美元贷款，同比增长 326%，净收入 2.091 亿美元，净利润 4380 万美元。财报发布后，次日宜人贷股价一路冲高至 8.48 美元，收盘价 7.95 美元，上涨了 27.40%。

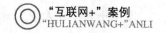

【思考研究题】

1. 宜人贷模式是否有致命弱点？为什么？
2. 宜人贷业务拓展中的"侵略性"表现在哪些方面？
3. 比较一下宜人贷、拍拍贷、翼龙贷。
4. 宜人贷平台的借与贷的利差多大？我国是否有对该利差的监管？

案例十七：众投邦

一、平台简介

众投邦是深圳市众投邦股份有限公司倾力打造的专注新三板互联网股权投融资平台，主要通过领投（GP）＋跟投（LP）的模式，帮助拟挂牌或已挂牌新三板的成长期企业进行股权融资，并努力从平台、资源、人才等多个方面支持企业后续发展，实现企业价值最大化。截至 2015 年 11 月，众投邦共完成约 40 个千万级项目的股权融资。其中，多个项目已成功挂牌新三板并实现收益，其他成功项目也已陆续进入登陆新三板的各个阶段中。

二、领投方、跟投方及其权利义务

（一）领投方与跟投方

投资人默认都是跟投方，流程如图 1。只有符合领投条件的投资方才能申请成为领投方。成为领投方需要向众投邦及项目方进行申请；如果有多个投资方有领投意向，需要项目方最终确定一名领投方；众投项目必须选定一个领投方，否则众投失效。领投额度不得低于本轮融资额度的 20%；领投方作为项目代表人，负责投后管理事宜和重大决策；领投方作为 GP 进入公司的董事会，跟投方作为 LP；单个项目单次融资的投资人数量不得超过 50 名。领投方要对领投项目的投资判断、风险揭示、竞争利益冲突及投后管理做充分的信息披露。

（二）领头方的权利与义务

权利。（1）领投方可以优先看到候选项目（包括未审核通过的项目源）；（2）领投方代表跟投人对项目进行投后管理，出席项目方的董事会；（3）项目退出时获得收益的额外分成。

义务。领投占项目融资总额比例为 20%～50%。

（三）跟投方权利与义务

权利。（1）不必参与公司运营管理；（2）定期可以通过领投方披露的信息了解项目方的运营状况；（3）投前、投后、退出的相关程序均由领投牵头办理，跟投方只需配合即可。

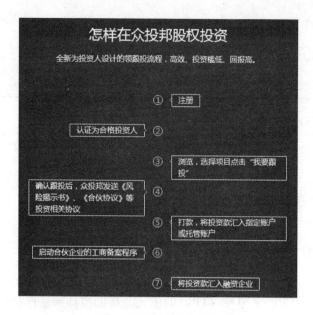

图 1 跟投方的平台流程

义务。出资，通常金额较大。

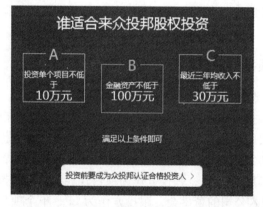

图 2 投资方资格说明

三、投资退出与获益分析

退出方式主要有：

（1）新三板挂牌。投资人主要的退出渠道是待企业上市后将持有的股票在二级市场上转让出手，这也是投资回报最高的退出方式，企业的盈利和资本利得构成上市的收益来源。

（2）IPO 上市。在主板、中小板或者创业板上市，公开发行股票。这样等待的时间较长。

（3）股权转让。公司股东依法将自己的股东权益有偿转让给他人，使他人取得股权的民事法律行为。

（4）管理层回购。指公司的管理层购买本公司的股份，从而使得本公司股权结构、控制权结构发生变化，并使得企业的原经营者变成了企业的所有者。

（5）并购。企业的股东通过出让所拥有的对企业的股权而获得相应的收益，另一权利主体则通过付出一定代价而获取这部分股权。

盈利模式：

（1）交易手续费。只要项目在众筹平台上融资成功，平台则按成功融资额的一定比例收取交易费用，项目融资不成功则不收费，这是诸多股权众筹平台的主要盈利点。

（2）增值服务费。项目在股权众筹平台融资时，平台提供合同、文书、法律、财务等方面的指导和服务工作，针对这部分付出，平台可酌情收取一定的增值服务费。

（3）代管收益费。代管收益费是有的股权众筹平台往往代替投资人对被投项目实施投后管理，通常是投资人收益的一定比例，这种模式目前在国内还较少。其实很多股权众筹平台采用"以股抵费"来进行收费，即通过将交易手续费折合成创业公司的股权，将平台的利益与创业项目的利益绑在一起，一方面可以减轻创业公司的财务压力，另一方面为平台上的项目增信，后期还可获得成功创业项目的额外股权收益。

四、投前风控与投后管理

（一）投前风控

1. 做创投出身的众投邦具有较强的项目考察、分析能力。企业所在的行业、创始团队的个性、商业模式都会经过众投邦专业人员严格的筛选，以专业平台的形式进行项目多层审核。

2. 众投邦上的领投机构都是清科排名前一百名以内的，非常专业的机构。这些投资机构在行业内投资过多个项目，而且对于如何选项目都有专业的判断。众投邦与这些领投机构形成很好的互动，领投机构在介入项目风控时，将起到负责尽职调查、投资建议书、主客观信息披露的作用。

3. 跟投人通过筛选项目、研究报告等资料了解这个项目有没有投资价值。充分了解项目、具备风险意识的合格投资人，以项目跟投人的身份关注项目发展，也在很大程度上为项目的风控管理保驾护航。

4. 券商、律师事务所、会计师事务所等机构，在做中早期的项目筛选时是非常重要的，众投邦会请这些合作机构对项目做一些报告，同时，报告结果还会分享给不同机构使用。除了券商、律所、会所的严谨性之外，众投邦与各大金融中介机构合作也与辅导企业挂牌新三板的基本愿景相吻合。

（二）投后管理

1. 互联网股权投融资"领投"＋"跟投"这种模式最大的好处，就是由领投机构帮助所有投资人去做投后管理，这是普通投资人做不到的，也没精力去做的。在项目成功募集资金之后，众投邦有一套完善的投后管理体系。

2. 领投方会给跟投人一个完整的报告，定期开董事会，组织跟投人与企业进行线上线下的互动。

【思考研究题】

1. 众投帮的领投与跟投方式何种情形下有效？何和情形下失效？
2. 众投帮的投前投后管理有没有弱点？
3. 比较众筹与风投概念的联系与区别？

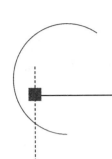

案例十八：抱财网

一、抱财网的由来

2013 年 9 月，北京中联创投电子商务有限公司（China Internet Finance Co.，Ltd.，以下简称"中联创投"）创立。这是一家专业化的互联网金融企业，由来自金融、法律、互联网等领域的资深人士运营管理。

抱财网是一家 P2P 平台。2014 年 3 月上线，是北京中联创投电子商务有限公司旗下专业化的互联网金融品牌，由中联创投全资子公司北京抱财金融信息服务有限公司负责运营。

2015 年 5 月，抱财网获得 A 股上市公司凯乐科技（600260）及康得投资集团战略注资，推出"产融结合"互联网金融解决方案。

2016 年 3 月，经党中央、国务院批准，中国人民银行牵头会同银监会、证监会、保监会等有关部门组建中国互联网金融协会。抱财网也在出席企业之列。

二、平台风险控制

（一）政策法律方面的释疑

1. 关于投资人及借款人双方借贷的合法性

《中华人民共和国合同法》第十二章关于借款合同的规定，自然人等普通民事主体之间可以发生借贷关系，出借人应借款人的要求可以向借款人提供贷款，借款人到期应返还本金，并应向出借人支付相应的利息。因此，民间借贷（自然人之间，自然人与法人或其他组织之间发生借贷关系）受法律保护，并且法律允许出借方到期收回本金及符合法律规定的利息。

2. 关于抱财网提供居间服务的合法性

根据我国《中华人民共和国合同法》第四百二十四条规定"居间合同是居间人向委托人报告订立合同的机会或者提供订立合同的媒介服务，委托人支付报酬的合同。"第四百二十六条规定"居间人促成合同成立的，委托人应当按照约定支付报酬。"抱财网作为依法设立的中介服务机构，为民间借贷提供居间撮合服务，促成借贷双方形成借贷关系并收取相应的居间服务费用有法律依据，合法有效。

3. 关于用户在抱财网获得借款收益合法性

最高人民法院《关于人民法院审理借贷案件的若干意见》第6条规定："民间借贷的利率可以适当高于银行的利率，各地人民法院可以根据本地区的实际情况具体掌握，但最高不得超过银行同类贷款利率的四倍（包含利率本数）。超出此限度的，超出部分的利息不予保护。"抱财网平台上的借款标的均符合上述规定。

4. 关于电子合同的合法性

《中华人民共和国合同法》规定："电子合同是双方或多方当事人之间通过电子信息网络以电子的形式达成的设立、变更、终止财产性民事权利义务关系的协议。"电子合同是合同订立形式之一。《中华人民共和国合同法》第一百九十七条规定："借款合同采用书面形式，但自然人之间借款另有约定的除外。"上述法律规定肯定了抱财网采用的电子合同的合法性与有效性，出借人与借款人在抱财网平台上签订的相关电子合同合法有效，受到法律保护。

（二）严格规范的信审风控流程

抱财网拥有自己专业的风控和法务团队，对借款项目及合作机构进行严格筛选，具体包括合作机构筛选、业务及风控对接、借款项目受理、项目经理收集项目资料并初审、风控部复审、评审委员综合评审、落实各项风控措施、上线审核、贷后管理，层层手续，严格把关，严控信用风险，以保障借款人按期收回本息。

（三）风险准备金制度

抱财网按照全部在借项目余额的一定比例提取风险准备金，开立专户，专款专用。风险准备金用于平台借贷项目的垫付，在借款人严重逾期后（逾期超过30天），抱财网将运用风险准备金对投资人未收回的本金及利息按照以下规则进行垫付。

①按顺序垫付原则。②本金先行保障原则，垫付完本金后方对应垫付利息进行垫付。③按比例垫付原则。④有限垫付原则。当风险准备金账户金额为零时，停止对严重逾期借贷产品的本金和当期利息的垫付，待风险准备金按照计提规则再计提出余额后再行垫付。⑤追偿权转移原则。风险准备金对借贷产品本金或利息进行垫付后，投资人对此本金、利息以及罚息的追偿权转移给抱财网，借款人于以后偿还此本金、利息以及罚息时，此本金、利息以及罚息由抱财网享有。如进行垫付的借贷产品设有抵押、质押、保证等担保措施时，则由抱财网代为行使担保权利。

（四）网站平台及资金安全

抱财网采用国际标准的SSL数据传输安全加密技术，对系统数据进行安全备份，并聘请国内一流的网络安全专家团队对系统进行安全评估，以保障数据信息安全。抱财网与多家第三方支付系统平台建立合作关系。投资人和借款人的资金交易，均通过第三方支付来实现，以保障用户的资金安全。

三、抱财网平台业务概况分析

抱财网新借款成交量占行业中等，综合利率9.69%，借款人较少，平均借款额度较大，平均借款为731.25万元，借款周期短，满标时间中等。平台前10名借款人的借款金额达到了借款总额的 46.72%，第一名借款人借款金额接近 7 千万元，债权集中度较高，平台第一名的投资人投资额度 7.5 千万元也明显超过其他投资者（可能是平台内部借贷）。

抱财网代收款时间为 2016 年 5 月到 2016 年 7 月，金额分布较为均匀，对比平台成交量和成交量趋势，未来几个月无明显代收压力。

整体来看，平台的投资人以老投资人为主，近十周平台的中老投资人数均有一定的增长，每周投资人数量居行业数量。

贷款余额，通俗的说就是，截至当前，平台已经贷出去，但还没有还款的本金（不含利息）。统计期间，抱财网贷款余额较为稳定，在 61000 万元左右，截至 2016 年 4 月 25 日，贷款余额达 63306 万元，规模中等偏上。

从新借款金额分布看，一千万以上的项目占 40% 以上，而在新借款标数中，单个标的的金额均在 500 万元以下，大部分在 200 万元以下，金额和标数的对应差较大，平台的拆标行为较为严重。

四、抱财网未来影响因素分析

（一）积极因素

1. 抱财网获 A 股上市公司凯乐科技 1.3 亿人民币投资。

2. 近十周平台成交量增长较快，行业内中等偏上，平台投资人增长，满标时间有一定程度下降，平台活跃度上升。

（二）不利因素分析

1. 借款过于集中，风险较高

抱财网前 10 名借款人的借款金额占平台代收总额的 46.72%，第一名借款人借款金额 7500 万以上，债权集中度较高。抱财网借款项目金额分布和标数分配匹配度低，存在严重的拆标行为。

如果借款企业风险不高的话，完全可以从银行获得成本低得多的贷款。既然借款企业选择了较高利率的 P2P，自身的资金筹措与周转，信用能力等应该存在诸多不足。这也意味着借款人的风险较高。

一旦人借款人不归还借款，平台将无法保证投资人的利益。在风险如此集中的情况下，风险保证金至多只是一个虚幻的概念，没有实际意义。

2. 借款合同抵押物数量不足

相关房产抵押项目中，截至 2015 年 11 月 25 日，借款人待还本息分别超过抵押房产价值和平台公布的企业净利润，风控流程关键部分如抵押权信息，借款合同披露质量有待提高。

3. 警惕上市公司等利用 P2P 的高杠杆圈钱，将恶意风险转给无辜大众

假设 P2P 的总资本是 A，其借贷总额是 B，B/A 则是该 P2P 的杠杆。P2P 要分类管理：纯粹的信息中介类，需要的股本可以低得多；资金管理类，如还款担保、风险基金，需要的股本稍高；鼓励银行类 P2P 子公司，可以打广告。

最终，P2P 要实现牌照管理，类似于第三方支付的管理体制。具体细节则要调研。

总之，由于债权集中度比较高，抱财网的资金安全存在长期隐患。尽管集中在两家上市公司担保的项目中，两家上市公司担保总额占总待收的 70.4%。随着抱财网的交易量快速增长，康得集团担保的余额也会快速上升。随着余额的逐渐上升，如果不补充新的资本，该 P2P 将面临严重风险。也许正是因为一家没有金融经验的上市公司的入股，捅的娄子更大。

【思考研究题】

1. 为什么总资产/资本的杠杆超过一定界限时，道德风险会迅速增加？
2. 抱财网的风险准备金什么情况下起作用？
3. 抱财网的核心竞争力是什么？

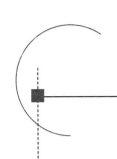

案例十九：汇贷天下

一、公司简介

甘肃国信金融信息服务有限公司成立于 2013 年，注册资金 1000 万元。公司经过近一年时间的筹备，自主研发了甘肃首家互联网金融 P2B 平台"汇贷天下（www. chinahuidai. com）"，主要提供信息登记、信用评级、资金撮合、资金结算等服务。为投资者与借款者之间打造一个快捷、便利的借贷桥梁。通过与第三方担保机构和第三方支付平台合作，为平台营造良好的借贷环境，为投资者提供低风险且符合市场需求的投资项目。

汇贷天下的风控措施。（1）为规避投资人的投资风险，汇贷天下引入资信良好的第三方担保机构，最大限度地保证投资人的资金安全。当发生借款逾期未还款情况，第三方担保公司将向投资人代偿本金和利息。（2）汇贷天下与任何第三方机构均无利益关联，确保相互之间的监督和制约，保证所有上线标的真实、客观。（3）汇贷天下平台资金管理采用第三方支付平台资金托管模式，有效地避免了平台挪用投资人资金的风险。投资人、借款人的充值、提现申请均由第三方支付平台负责处理，汇贷天下不经手客户资金，真正实现了资金与网贷平台的完全隔离。

二、政策及法规

1. 利息

根据《最高人民法院关于审理民间借贷案件适用法律若干问题的规定》，自然人之间、自然人与法人、自然人与其他组织之间的借款作为借贷案件受理，确保了民间借贷的组织形式及其合法性。但是，民间借贷中也应当遵循一些特殊的法律规定。根据《最高人民法院关于审理民间借贷案件适用法律若干问题的规定》第 26 条："借贷双方约定的利率未超过年利率 24%，出借人请求借款人按照约定的利率支付利息的，人民法院应予支持。借贷双方约定的利率超过年利率 36%，超过部分的利息约定无效。借款人请求出借人返还已支付的超过年利率 36% 部分的利息的，人民法院应予支持。"在汇贷天下平台上发布融资项目的年利率均符合上述规定，且借贷双方约定的利率未超过年利率 24%。

2. 借款期限

根据《合同法》第六十二条规定："履行期限不明确的，债务人可以随时履行，债权人也可以随时要求履行，但应当给对方必要的准备时间"。所以，如果公民之间的借贷没有约定还款日期，借款方可以随时还款，贷款方可以随时要求还款。

3. 居间服务合法性

根据我国《合同法》第四百二十四条规定："居间合同是居间人向委托人报告订立合同的机会或者提供订立合同的媒介服务，委托人支付报酬的合同。第四百二十六条规定："居间人促成合同成立的，委托人应当按照约定支付报酬。"汇贷天下为民间借贷提供居间服务，促成借贷双方形成借贷关系的行为有着明确的法律基础。

4. 电子合同的合法性

我国《合同法》规定："电子合同是双方或多方当事人之间通过电子信息网络以电子的形式达成的设立、变更、终止财产性民事权利义务关系的协议。"电子合同是合同订立形式之一。《合同法》第一百九十七条规定："借款合同采用书面形式，但自然人之间借款另有约定的除外。"民间借贷的合同不是要式合同，因此电子合同可用于民间借贷。

三、风险控制

由于我国个人征信体系不完善，借款人存在一定金融风险，为保障出借人资金安全，汇贷天下推出了两个"第三方"的风控模式，即，引入了授信等级高的第三方融资性担保机构群和具有央行支付牌照的第三方资金托管机构（环迅支付）进行资金托管。

授信等级高的第三方融资性担保机构群。即第三方担保公司群对汇贷天下上的借款人提供信用保证，若借款人发生还款逾期，由担保机构先向出借人垫付本息，再向借款人追偿，完全保证出借人的资金安全。

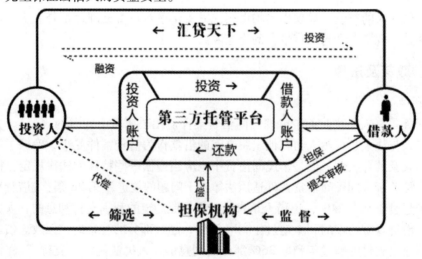

图　汇贷天下风控原理

第三方资金托管方式。出借人在汇贷天下投资理财时，在第三方支付平台先开设资金托管账户，该账户归出借人自己支配与控制。出借人确定投资时，资金直接从个人账户上划扣至借款人的资金托管账户下。出借人、借款人的充值、投资、提现申请均由第三方支付平台负责处理，汇贷天下不经手客户资金，真正实现资金与网贷平台的完全隔离。汇贷天下负责人称，这样设计，一方面保障投资者利益，做到百分百本息保障；另一方面避免平台染指投资者资金，防范道德风险。让投资人"明明白白投资，稳稳当当收益"。

四、与拍拍贷平台的对比

通过查看"我贷网"P2P网贷平台排名网站的排名，发现汇贷天下平台的排名很低，且"日均浏览量"等数据均表现为零，其他项目的评价指标也不好，综合分数仅为前几名的四分之一。针对这个问题，将汇贷天下平台与拍拍贷平台进行对比。

1. 从官方网站的登陆界面可以看出，拍拍贷在登陆界面上展现的内容更丰富。

2. 在进行"投资标的"的选择时拍拍贷具有更加优秀的检索系统。

3. 对于项目风险的把握，拍拍贷将风险分为新手收益区、第三方保障区、中风险收益区、高风险收益区；而汇贷天下仅有"担保投资"这一项。

4. 拍拍贷的贷款项目金额跨度大，基本上从几千元到百万元不等，而汇贷天下项目金额都很大，通常为一百万元左右。

5. 拍拍贷作为中国最早的一家P2P网贷平台，且作为一家上市公司，发展成熟，而汇贷天下仅仅是一家2013年才注册成立的新公司。

6. 汇贷天下主要为企业贷款，而且还是甘肃省本地的企业，业务覆盖范围小，金额也通常较大，为100万元左右，日均访问量较少，利率相应地也就较高，在15%至18%之间。

通过以上六点分析，"汇贷天下"的综合评价较排名靠前的"拍拍贷"低很多，也是情理之中。

【思考研究题】

1. 如何看待汇贷天下的借款人金额较大所带来的风险？
2. 汇贷天下的风控措施是否具有核心竞争力？

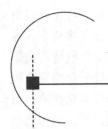

案例二十：互联网金融实务四问

一、引入担保的易九金融是否合法

（一）担保

担保是为了担保债权实现而采取的法律措施。债的担保是指以当事人的一定财产为基础的，能够用以督促债务人履行债务，保障债权实现的方法。债权担保制度与金钱借贷关系息息相关。

债权的担保具有的社会经济作用，能促进资金融通和商品流通。而现今，债权担保的意义已不仅仅是单纯的担保问题了，客户更相信有担保制度的借贷关系，愿意将钱投入有担保的借贷机构，担保借贷关系安全性的实现推动了借贷关系的蓬勃展开，对促进资金融通起到了不容忽视的积极作用。因此易九金融作为一家借贷中介机构积极引入担保业务为借贷提供保障，从而吸引了更多的客户。

（二）易九金融

易九金融服务有限公司由重庆博恩科技集团投资创立，经营范围包括：投融资咨询服务、信用管理、资产管理，企业信用管理，商务信息咨询服务等。

在易九金融，借款人通过平台申请获得担保资格，公示融资需求；投资人通过平台查看担保信息并进行放贷；担保公司负责评估借款人的还款能力、担保借款人的还款能力；第三方支付平台负责资金托管。易九平台主要负责信息的提供与交换。

易九金融平台简单的原理图如下：

图1　易九金融运行原理

目前易九金融的主营业务是"投融保"。"投融保"参照 CDO 模式，由国有担保公司进行担保，第三方支付机构易极付完成资金清结算。

易九金融现在已有较完备的担保机制，但一个本质的问题是，作为借贷中介机构引入担保是否合法合规？

（三）引入担保的合规性

《网络借贷信息中介机构业务活动管理暂行办法（银监会令〔2016〕1 号）》第十条规定："网络借贷信息中介机构不得从事或者接受委托从事下列活动：（三）直接或变相向出借人提供担保或者承诺保本保息。"

按照监管规定，易九金融引入担保公司是不合规的。如果 P2P 监管将合法的 P2P 机构仅仅局限于信息中介的话，那么，现实与监管愿望之间的差距仍将持续存在，有人认为，除了恶意诈骗的 P2P，大多数创业者是基于市场需求做出反应。对于投资者资金安全的保障是行业发展的基本条件，哪怕这种保障难以兑现，有也比没有强。

二、移动金融安全是否有保障

（一）移动金融安全

近年来，随着互联网的发展，移动金融由于具有便捷、高效的优点逐渐成为了人们主要的支付和理财手段，移动金融终端承载了人们越来越多的敏感信息，电信诈骗也与日俱增，人们的信息安全及财产安全面临着严重威胁。

首先，移动金融安全的挑战主要来自于以下几方面：（1）智能操作系统本身存在的漏洞。窃取者可以在不破坏 APP 数字签名的情况下，偷取用户账号、窃取密码、打电话或者发短信等。2015 年 5 月，安全公司 Check Point 发现了安卓系统新漏洞 Certifi - gate，手机一旦在后台被不法分子控制，将面临手机支付功能被非法复制、客户资金流失的威胁。（2）恶意程序的威胁。主要有病毒和木马，病毒能未经允许私自下载软件并安装，窃取消费者银行账号及密码，盗走资金；而木马程序在手机后台运行，监视受害者短信，拦截银行、支付平台等发来的信息，将这些短信联网上传或转发到黑客手机中。（3）二次打包。二次打包是指将 apk 文件解包反编译后，篡改其中的代码文件，然后再将其打包成可以安装运行的 apk 文件，从而达到篡改业务逻辑、窃取敏感数据或者增加广告植入目的。（4）二维码劫持攻击。在用户使用二维码付款时，劫持二维码生成或交易数据，从而使资金在交易过程中流入非法账户。（5）钓鱼网站。通过模拟成正规的银行网站，当消费者在使用手机消费时弹出与官方网站看上去一模一样的网站界面，盗窃个人帐号、密码。（6）界面劫持。恶意程序在后台监听银行应用程序，用户登录操作时，恶意程序就会通过顶层窗口覆盖银行应用登录窗口的方式来劫持登录，当用户在攻击者伪造的登录界面登录时，银行账户数据就会被攻击者窃取。（7）信息泄露。手机上的所有信息存储在手机的内存芯片中，人们处置更换下来的手机时，往往只是取出 SIM 卡和存储卡，不删除手机内存储的信息，很容易泄露个人隐私。即使将个人信息删除，格式化存储卡，借助恢复软件依然可以恢复被删除的手机信息。综上所述，用户安全面临的主要问题来源于手机系统或软件自身的漏洞、不良的使用习惯和外部攻击。

面对这样的形势，有关部门应加强对移动金融部分的监管，进一步完善管理制度。

用户也应提高自身安全意识，养成良好的使用习惯，安装安全防护软件为账号安全提供保障，现有的安全软件如360手机卫士、腾讯手机管家、百度手机卫士、金山手机卫士等，可以通过漏洞修补、攻击自卫、定期查杀等方式，保证手机金融信息的安全。此外，移动金融终端作为移动金融服务的源头应加大安全技术投入，提高软件的安全性，引入安全体系服务商，从根本上保障移动金融的安全。

（二）案例：专业安全体系服务商——爱加密

以爱加密为例。爱加密是国内最专业的移动安全体系服务商，专注于为移动领域的金融、游戏、企业级应用及互联网开发者提供安全可靠的应用保护解决方案，服务范围覆盖andriod和iOS两大主流系统。爱加密的安全技术措施有：（1）其《移动应用安全检测基准》包含如下内容：应用安全、源码安全、数据安全（3大类、13项、120多个风险弱点）；（2）应用保护服务：DEX加壳保护，DEX加花保护，资源文件指纹签名保护，防调试器保护，SO文件保护，本地数据文件保护，键盘监听保护，源码优化，防止脚本，协议加密等。（3）渠道监测：一站式监控国内外600家渠道，实时监控各渠道相关数据信息；提供正版盗版APP信息精准对比，分析项目涵盖APK所有路径文件及代码，清晰查看修改项目或第三方代码，并反馈详细数据信息到用户后台。

服务体系如下：

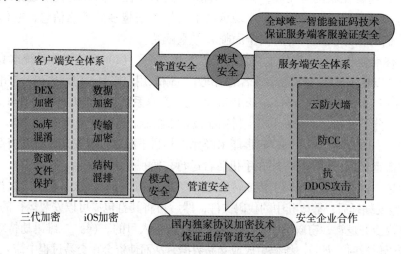

图2 爱加密企业安全服务体系

爱加密的优势在于：服务范围广，涵盖金融、游戏、电商、运营商等诸多行业；服务范围全面，为企业提供内测服务、加密服务、监测服务等。并且以其技术、性能、安全策略及服务承诺等多方面优势，发展成为移动应用安全行业领军企业。

目前爱加密的服务案例主要有平安银行、电信翼支付、钱大掌柜、中信证券手机开户、首信易支付等大型金融、游戏软件，可见其提供服务的优质及良好的口碑。

三、传统银行如何应对互联网金融挑战：直销银行

随着互联网时代的到来，各种互联网金融产品应运而生，传统银行在利率水平、便

捷度、金融产品等方面受到冲击，传统银行业的地位遭受到新兴市场的挑战，各家银行在时代背景下寻求到新的出路××直销银行。

（一）直销银行：传统银行顺应互联网时代

直销银行诞生于 20 世纪九十年代末北美及欧洲等经济发达国家，是互联网时代的一种新型银行运作模式。这一经营模式下，银行没有营业网点，不发放实体银行卡，客户主要通过电脑、电子邮件、手机、电话等远程渠道获取银行产品和服务。直销银行是几乎不设立实体业务网点的银行，主要通过互联网、移动终端、电话、传真等媒介工具，实现业务中心与终端客户直接进行业务往来，具有机构少、人员精、成本低的特点。直销银行是有独立法人资格的组织，其日常业务运转不依赖于物理网点，因此在经营成本费用支出方面较传统银行更具优势，能够在经营中提供比传统银行更具吸引力的利率水平和费用更加低廉的金融产品及服务。直销银行在近 20 年的发展过程中，经受起了互联网泡沫、金融危机的历练，已积累了成熟的商业模式，成为金融市场重要的组成部分，在各国银行业的市场份额已达 9% ~ 10%，且占比仍在不断扩大。

虽然随着互联网技术和电子商务的发展，国内大部分银行均设立了网上银行、手机银行、电话银行等业务，业务的电子替代率持续上升，但这些业务依然作为传统银行整体的一部分而存在，更多的是充当对传统物理网点的补充，并没有完全脱离实体网点而独立存在。国内互联网金融飞速发展，客户消费习惯的转变以及银行利率市场化步伐的加快，随着国内金融改革的推进，开设直销银行成为广泛关注的焦点。2013 年 7 月，民生银行最先成立了直销银行部，2014 年以来，国内各银行纷纷开始设立直销银行。

发展直销银行的关键在于：（1）差异化的战略定位。面对不同的竞争标杆，建立差异化的战略定位，建立合理的竞合关系。（2）补充性的客户定位。以新客户的获取为主要目的，紧盯专属客户群，作为传统网点的补充，而非蚕食传统网点的客户资源，是直销银行与传统网点建立竞合关系的关键。（3）专属化的产品体系。不论是作为独立的子公司，还是作为事业部，建立专属化的产品体系，面对细分客户群，进行独立的渠道销售，是直销银行在竞合关系中建立和完善自身商业模式的关键。（4）包容性的渠道平台。网点渠道、运营平台、营销平台不完全依赖线上模式。线上与物理网点相结合。

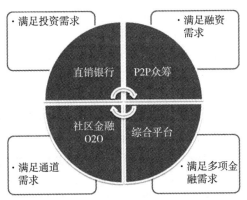

图 3　传统银行转型

（二）我国的直销银行：民生银行直销银行

中国民生银行的直销银行于2014年2月上线，突破了传统实体网点经营模式，主要通过互联网渠道拓展客户。民生银行直销银行上线两年，客户数突破300万户，金融资产余额近400亿元，首期推出的货币基金产品"如意宝"申购总额超过9400亿元，累计为客户赚取23亿元收益。这充分说明了商业银行主动拥抱互联网的强大活力。

民生银行直销银行有客群清晰、产品简单、渠道便捷的特点。（1）客户群体定位于"忙，潮，精"的80、90后群体；（2）渠道体系：微信服务，手机客户端，专属网站；（3）全程互联化，实行网上开户，构建电子账户体系。

秉持着让生活更简单、做精用户体验、走精细化道路的理念，民生直销银行真正植入了互联网基因，明确提出了"简单的银行"理念："产品简单"，不求"大而全"，讲求"少而精"；"渠道简单"，贴近互联网用户的使用习惯；"体验简单"，易于操作，价格透明，实惠多多；适应互联网创新快、产品更新快的特点，加强市场研究，加快市场反应速度。

成立之初，民生直销银行采取了独立的组织架构，涵盖产品、技术、运营、营销、商务等各环节，是一家名副其实的"独立银行"。民生直销银行搭建了互联网的扁平化架构，在渠道、销售方式、风险技术、数据运用等方面充分体现了"直销"特点：其业务拓展完全基于互联网平台，客户只需要一台电脑或一部手机，便可以随时随地体验个性化的产品和服务。

在金融产品设计上，民生直销银行高度重视大众化和简单易用，围绕"存贷汇投"，目前民生直销银行的产品有："如意宝"货币基金产品、"定活宝"定期产品、"民生金"黄金买卖产品、"随心存"储蓄产品、"利多多"智能增值产品、封闭型理财产品和轻松汇转账服务，覆盖了传统银行网点的基础服务范围，每一款产品的定位都相当明确，用户一看便知，易于作出投资决策。

直销银行拓宽了银行获取增量客户的渠道，降低了客户投资门槛，降低了银行运营成本，提升了银行产品竞争力。但是，目前直销银行的电子账户属于弱实名制，不具备转账和支付功能，产品相对比较单一，国内各行推出的产品同质化现象比较严重。

2016年5月19日，民生银行行长助理林云山在银行业例行新闻发布会上表示，"直销银行与传统银行的差异非常大，其真正的含义不是电子银行，也不是线下业务线上化的概念。从全球的角度来看，真正做到成功的直销银行都是独立经营的。"在我国，银行的直销银行是原银行的一个部门。"不管在法律上是否能拿到独立直销银行的牌照，但在民生银行的内部我们依然会把民生直销银行当作一家独立的纯互联网的银行来经营。我们内部民生银行与民生直销银行的合作，就像民生直销银行与工商银行合作是一样的。我们一开始在业务、流程、系统乃至于管理层会把它当作是一家独立银行。"林云山在会上如实表示。同时，他也呼吁，非常希望在政策法规包括具体监管方面能有比较大的突破。直销银行这种新的银行模式退去新鲜与热情之后如何进一步发展还有待继续摸索。

四、商业实体如何跨界

（一）实体商业积极应对电商挑战

互联网时代的到来，使苏宁、国美等商业巨头也受到了电子商业的挑战。而实体商业巨头拥有线下实体、营销人才等雄厚的资源，面对淘宝等电商的巨大冲击时，触网应战。

（二）苏宁转型O2O模式

以苏宁为例。在电商零售业和传统零售业争得水深火热时，同时拥有线上（苏宁易购）和线下实体店的苏宁，走出了第三种商业模式：O2O（Online to Offline）互联网零售。"互联网＋"时代的O2O，是围绕行业本质和核心能力，将线上线下最有优势的要素资源在各个环节进行深度融合。苏宁云商2015年的业绩快报显示：2015年苏宁云商实现营业收入1356.76亿元，同比增长24.56%；其中线上平台商品交易总规模为502.75亿元，同比增长94.93%，超过行业平均水平，且销售占比继续扩大。实现"两条腿走路"的苏宁，成为了中国互联网零售企业O2O的典型代表。

（三）苏宁金融集团

为满足生态链普惠金融需求，苏宁顺势介入金融业务。为给客户提供专业、安全、便捷的支付体验，2011年1月，苏宁成立了第三方支付公司易付宝；2013年，针对苏宁供应商，正式推出全流程供应链金融服务，深入供应链采购、收货、对账、结算等环节，以全面满足供应商各节点的资金需求；2014年1月，顺应第三方支付余额理财趋势，上线苏宁理财。苏宁保险、苏宁众筹、苏宁消费等金融公司的先后成立，也都是基于行业发展趋势，打造客户体验的需要。

苏宁金融集团，是苏宁云商集团中重要的战略业务单元，涉及理财、保险、第三方支付、贷款、众筹等业务范围。主要的优势有苏宁线上线下海量的用户群体、特有的O2O零售模式和从采购到物流的全价值链经营模式。

苏宁金融的业务构成：

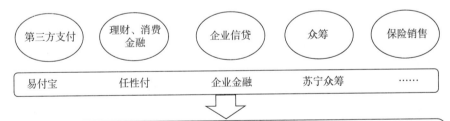

图4 苏宁金融集团

在战略方向上，苏宁金融未来将坚定走"O2O金融模式"。即，在线上设立金融门

户，"线上通过苏宁易购这一全国第三大电商公司导流"；在线下，则依托苏宁全国近1700家门店，设立家庭财富中心，形成较为完整的O2O闭环体系。

以下为苏宁金融集团部分产品的具体O2O实践：

表1 苏宁金融部分产品的O2O实践

产品	O2O金融实践
任性付	支持线上线下所有商品；线上线下均可开通；线上开通，线下增补材料
苏宁众筹	线上销售；线下体验+线上销售
苏宁理财	线上销售；线下售前顾问+线上销售+线下售后咨询服务； 线上销售+线下客户维护、产品推送等

1. 苏宁金融易付宝

苏宁易付宝支付方便、安全、快捷，是苏宁易购特有的支付方式。苏宁易购及门店所有商品支持苏宁易付宝支付，并且网上秒杀产品只支持苏宁易付宝支付方式，不支持其他支付方式。

苏宁金融易付宝成立于2011年1月24日，是由苏宁云商集团股份有限公司全资成立的一家独立第三方支付公司，注册资金1亿元。易支付运营以来，一直致力于为中国电子商务提供"安全、简单、便捷"的专业电子支付解决方案和服务。易支付与20多家主流银行建立合作关系，为苏宁旗下实体店、苏宁易购网店及苏宁金融集团其他金融产品提供了支付平台。有了易支付的基础，苏宁在消费金融这个金融重点布局领域，进行了突破性的尝试——"任性付"这也成为苏宁金融消费公司开业后推出的第一款产品。

苏宁易支付的发展优势：苏宁在线下拥有1600家实体店，是易付宝战略布局的用户基础。苏宁云商集团旗下金融板块，涵盖支付、信贷、保理、保险、理财、众筹等多元业态，为打通移动支付实现O2O闭环建立了有利条件。苏宁已经建立并不断升级的"苏宁云"，可为合作伙伴提供大数据分析、云计算等各类云服务。

2. 苏宁众筹

苏宁众筹是苏宁金融集团旗下的众筹平台，是国内唯一同时在线上平台、线下实体门店同步开展众筹产品体验的全渠道平台，涵盖实物、公益、地产、娱乐、影视、文化、农业等多个领域。

苏宁众筹于2015年4月16日正式上线，上线4个月时间一共756个项目接洽，筛选帮扶232个项目，其中219个项目成功，21.4万人参与支持，147.8万人关注。苏宁众筹在4个月内筹资金额达1亿元，7月份单月突破5000万元成为全国第三大众筹平台。项目筹款的资金由第三方支付平台"易付宝"进行托管。

众筹的发起人登录苏宁众筹的网站，按流程操作，对科技、设计、公益、农业、文化、娱乐等七个模块的商品发起众筹，并为之添加标签、介绍、金额、天数等具体信息，苏宁接到申请后，经过审核，将合理的众筹项目放到网页上及苏宁商城里，等待更多用户关注到甚至加入这一众筹项目。

优势：配合苏宁线下门店，首创O2O模式，一些众筹产品可以进入门店进行展示，消费者可以在此切身体验；苏宁众筹还将打造全产业链模式，结合苏宁众包、苏宁易购等自身资源，完成项目从前期筹资、设计、研发、生产、推广、销售、售后服务等一系列产业链的全程服务。

【思考研究题】

1. 传统银行如何应对P2P的全方位的挑战？如何定义直销银行与传统银行的关系？
2. 苏宁金融的规模如何？与电商金融相比，优劣势在哪里？
3. P2P引入担保是否与P2P监管精神相违背？
4. 移动金融的安全包括哪些方面？如何保证？